AF549860

Arne Meier • Heribert Vollmer

Komplexität von Algorithmen

Mathematik für Anwendungen
herausgegeben von Uwe Schöning, Universität Ulm

Diese Textbuchreihe soll zeigen, dass Mathematik mehr ist als nur eine Zusammenstellung von Theoremen und Definitionen – tatsächlich eröffnet die Mathematik die Möglichkeit, anwendungsnah Probleme der realen Welt zu lösen. Gedacht als Grundlage für Vorlesungen und Seminare in den Ingenieurwissenschaften und der Informatik, zielt jeder Band darauf ab, ein bestimmtes Thema kompakt und didaktisch durchdacht zu erfassen und dabei den Balanceakt zwischen formal-korrekter und informal-verständlicher Darstellung zu vollbringen. Nicht nur Studierende, sondern auch Praktiker aus der Industrie sowie Lehrer und Schüler in mathematischen Fächern werden diese Reihe zu schätzen wissen.

Mathematics for Applcations
edited by Uwe Schöning, University of Ulm

This series of textbooks is designed to demonstrate how mathematics is more than just a collection of theorems and definitions – it is a powerful means to solve real-world problems! Intended for use in lecture courses and seminars in any field of engineering or computer science, each volume aims for a compact and didactically sound presentation of its subject matter, balancing the demands of formal correctness with the need for general accessibility. Not only students, but also those working in technical professions, teachers of high school mathematics and even their students should find these books valuable.

Arne Meier, Heribert Vollmer
Komplexität von Algorithmen
2., überarbeitete und korrigierte Auflage 2020
mit 22 farbigen und 4 schwarz-weiß-Abbildungen

Helmholtzstraße 2-9
10587 Berlin
Umschlag: Milberg Marketing / Arne Meier / Bernhard J. Bönisch
Druck und Bindung: elanders - Waiblingen

ISBN: 978-3-96543-137-9 www.lehmanns.de

Inhaltsverzeichnis

Vorwort zur zweiten Auflage

Nachdem die erste Auflage erschienen ist, sind nun fünf Jahre vergangen. Zunächst möchten wir uns besonders bei einer Reihe von Student*Innen für das Hinweisen auf Fehler bedanken: Martin Lück, Jianwei Shi, Christian Hartmann, Marvin Kuhnke, Marcel Jahnke, Torben Brennecke, Simon Stork (auch für das Melden von Fehlern in der Errata!), Mahsa Noroozi, Jonas Baethke, Lennart Bohlin. Die Fehlerliste ist in den fünf Jahren doch auf eine stattliche Länge gewachsen: vier Seiten und über 80 Stellen mit Fehlern unterschiedlicher Größe. Dies gab auch letztendlich den Ausschlag dafür, eine zweite Auflage anzustrengen. Da das Lehrbuch auch in der Lehrveranstaltung von Arne genutzt wird, soll eine überarbeite Fassung zukünftig Missverständnisse verhindern. Weiterhin möchten wir Sie bitten, etwaige Fehler, die Sie während des Lesens feststellen, uns via eMail `kva-buch@thi.uni-hannover.de` mitzuteilen. Vielen Dank dafür!

Des Weiteren hat sich die Lehrveranstaltung auch von der didaktischen Seite geändert und wird von Arne als sogenannte *Inverted Lecture* durchgeführt. Hierzu gibt es den Lehrstoff auf YouTube™ frei verfügbar in Videoform präsentiert: `https://www.youtube.com/channel/UCCD8_1jFtqIqlVtaA260Q8g?view_as=subscriber`. Wenn Sie Interesse am Konzept haben oder Erfahrungen austauschen wollen, zögern Sie bitte nicht und nehmen direkt mit Arne (`meier@thi.uni-hannover.de`) Kontakt auf.

Schließlich wünschen wir Ihnen viel Spaß und gutes Gelingen beim Eintauchen in die Komplexität von Algorithmen.

5. April 2020 *Arne Meier und Heribert Vollmer*

Vorwort

Das vorliegende Lehrbuch ist im Laufe der Jahre aus dem Skript zur Vorlesung *Komplexität von Algorithmen* an der Leibniz Universität Hannover entstanden. Das erste Mal wurde sie im Sommersemester 2002 von Heribert Vollmer gehalten und auch konzipiert. Die Vorlesungsinhalte von damals sind den heutigen noch sehr ähnlich. Lediglich die Übungsinhalte haben einen größeren Wandel durchlaufen. 2002 war die Vorlesung lediglich für die Informatiker ein Wahlfach und keine Pflichtauflage wie heute. Dazu gab es zu der Zeit noch keinen Studiengang *Technische Informatik*, für welchen diese Vorlesung heute ebenso eine Pflichtveranstaltung ist.

Unser Hintergedanke bei diesem Buch ist seine Eigenständigkeit. Sie werden schrittweise in die Grundlagen eingeführt und erhalten daher einen leichten Einstieg in den Bereich der Komplexitätstheorie und Algorithmik. Insbesondere erklären wir Ihnen die Beweggründe und Hintergrundinformation zu den einzelnen Begriffen.

Die Kapitel dieses Buches beginnen mit einer Liste von sogenannten *Lernzielen*, die Sie schon zu Beginn darauf einstellen sollen, welche Konzepte und Techniken Sie im Folgenden erlernen werden. An einigen Stellen tauchen im Seitenrand Fragen und Bemerkungen auf, über welche Sie sich Gedanken machen sollten, während Sie am Stoff arbeiten. Es tauchen auch immer wieder Übungsaufgaben auf, die Sie an der jeweiligen Stelle direkt bearbeiten können. Ein hochgestelltes L signalisiert hierbei, dass eine zugehörige Lösung am Ende vorhanden ist. Zudem zeigen $\star$-Symbole den Schwierigkeitsgrad der Aufgabe an; drei Sterne signalisieren Ihnen hierbei eine hohe Schwierigkeit. Am Ende finden Sie dann jeweils eine sehr kurze Zusammenfassung der Resultate und Definitionen, die aufgetaucht sind. Anschließend gibt es noch eine kurze Folge von Behauptungen, welche Sie in *richtig* und *falsch* klassifizieren sollen. Des Weiteren finden Sie eine Liste von Literaturstellen, welche die jeweiligen Konzepte auch darstellen. Schließlich kommt ein Bereich, in dem Sie die Lösungen zu ausgewählten Aufgaben, sowie den Kurzfragen in diesem Kapitel finden.

Häufig werden Vorlesungen im Bereich der Theoretischen Informatik von den Studenten als schwierig oder langweilig empfunden. Das liegt meistens daran, dass in diesen Fächern stärker auf *Verständnis* als auf behaltene *Wissensmenge* geprüft wird. Ein gutes mathematisches Verständnis spielt im zukünftigen Arbeitsleben eine deutlich wichtigere Rolle als das Auswendiglernen von irgendwelchen formalisierten Standards (die vermutlich sogar in kurzer Zeit überholt sind). Genau diese Vorgehensweise sollen Sie verinnerlichen. Hierbei verhält es sich im Prinzip genau wie beim Erlernen einer Programmiersprache oder eines -konzeptes: dies geht nicht über das Studieren von Quellcode bzw. Musterlösungen, sondern nur dadurch, dass man selber programmiert – das bedeutet für uns Beweise führt oder Konzepte durch Anwendung vertieft. Genau aus diesem Grund sollten Sie nicht an erster Stelle in die Lösung der zugehörigen Aufgabe schauen, sondern zunächst – auch mal etwas länger – über die Aufgabe nachdenken. Hierbei ist es oft auch mal hilfreich, Pausen einzulegen und nicht nach kurzer Zeit bereits aufzugeben.

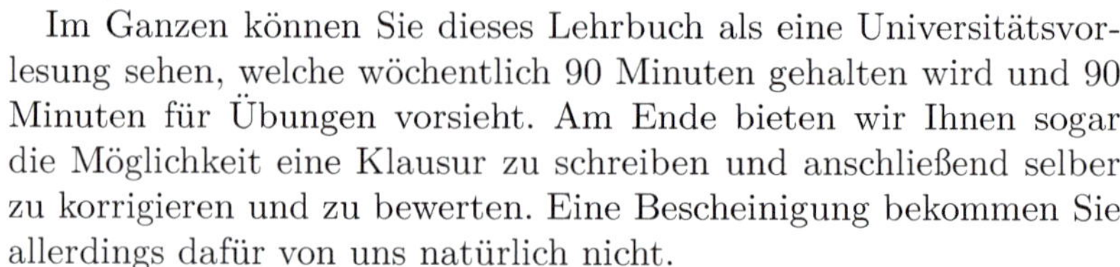
Im Ganzen können Sie dieses Lehrbuch als eine Universitätsvorlesung sehen, welche wöchentlich 90 Minuten gehalten wird und 90 Minuten für Übungen vorsieht. Am Ende bieten wir Ihnen sogar die Möglichkeit eine Klausur zu schreiben und anschließend selber zu korrigieren und zu bewerten. Eine Bescheinigung bekommen Sie allerdings dafür von uns natürlich nicht.

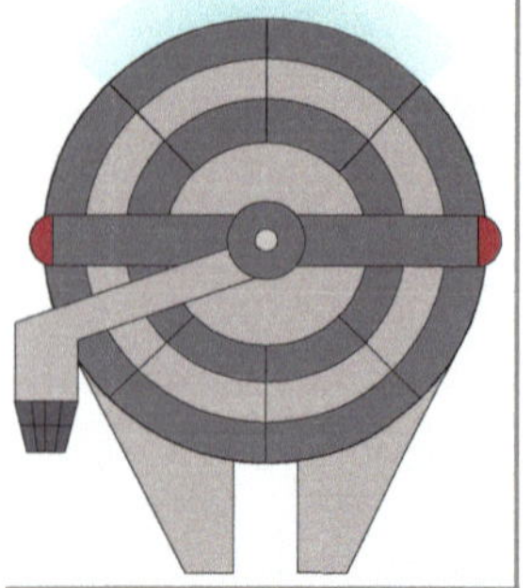

Millennium Falcon™

Kommen wir nun ein wenig zu dem Inhalt, der Sie erwartet. Wie wir wissen, schafft der Millennium Falcon™ den Kessel-Flug in weniger als 12 parsec. Ein klein wenig Recherche bringt zu Tage, dass 1 parsec ungefähr 3,262 Lichtjahren entspricht[1]. Jedoch bin zumindest ich mir nicht genau bewusst, wie gut das ist und ob das überhaupt Sinn macht[2], wohingegen Obi-Wan Kenobi™ sich beeindruckt zeigt (und er entweder blufft oder echte Bewunderung zeigt). Dies beschreibt ganz gut, womit wir uns in dem Lehrbuch beschäftigen wollen. Wir möchten Zeit- und Platzbedarf von Maschinen-Berech-

[1] `http://what-if.xkcd.com/73/`

[2] `http://scifi.about.com/od/starwarsglossaryandfaq/a/Star-Wars-Faq_Why-Did-Han-Solo-Say-He-Made-The-Kessel-Run-In-12-Parsecs.htm`

nungen greifbarer machen.

Hierzu müssen wir zu Beginn jedoch das formale Gerüst bauen (also uns auf ein Konzept und eine Notation einigen, die uns sinnvoll erscheint). Dies ist sehr wichtig, da wir uns ohne eine gemeinsame Sprache nicht zielgerichtet verständigen können. Dies ist wiederum eines der globalen Lernziele dieses Lehrbuches: die *Formalisierung* von Begriffen. Damit Sie in einem Team gut arbeiten können, müssen sie sich auf die gemeinsamen Termini einigen. Dazu müssen Sie erst einmal lernen, wie dieses Formalisieren genau funktioniert.

Durch ein formales Grundgerüst sind Sie in der Lage, Algorithmen zu entwerfen und diese anschließend zu *bewerten*. Ein weiterer wichtiger Punkt ist das Verinnerlichen von Beweisvorhaben oder -rezepten. Ein Beweis ist im Prinzip nichts anderes als ein Algorithmus. Er verläuft in einer sehr geradlinigen Struktur und verfolgt ein spezielles Schema (abhängig davon, welche Art von Beweis Sie führen wollen). Verdeutlichen Sie sich immer wieder, wenn Sie einen Beweis lesen oder führen, dann trainieren Sie auch Ihr algorithmisches Denken. Dieses wird Ihnen sehr hilfreich sein, um Probleme, zum Beispiel später im Berufsleben zu lösen und auch Software zu entwickeln.

Idealerweise sollten Sie die Kapitel nicht nur einmal lesen. Bei einer guten Herangehensweise überfliegen Sie zunächst das Kapitel, um es anschließend durchzuarbeiten.

Schließlich möchten wir Sie bitten, etwaige Fehler, die Sie während des Lesens feststellen, uns via eMail `kva-buch@thi.uni-hannover.de` mitzuteilen. Vielen Dank dafür! Darüber hinaus möchten wir uns noch bei folgenden Personen für Verbesserungsvorschläge und für das Nennen von Fehlern bedanken: Jan Eberhardt, Martin Lück, Fabian Müller, Uwe Schöning, Bernhard Thieme.

30. März 2015 *Arne Meier und Heribert Vollmer*

Teil I.

Komplexitätsmaße

Kapitel 1

Wie aus Raum Zeit wird und umgekehrt

Lernziele dieses Kapitels

① Sie wissen, was Alphabete, Wörter und Sprachen sind.

② Sie verstehen das Konzept von Turingmaschinen.

③ Sie können zeigen, dass ein gegebenes Problem von einer Turingmaschine entschieden wird.

④ Sie können mit der O-Notation umgehen.

⑤ Sie verstehen den Unterschied zwischen deterministischen und nichtdeterministischen Maschinen.

⑥ Sie wissen, was Zeit- und Raum-Bedarf (Speicher-Bedarf) bedeutet.

⑦ Sie kennen die Komplexitätsklassen TIME und SPACE.

⑧ Sie kennen die wichtigsten Beziehungen zwischen den Komplexitätsklassen.

⑨ Sie können weitere Beziehungen ableiten und beweisen.

Ziel dieses Kapitels ist es, einen Begriff für die Komplexität eines Computerprogramms zu finden. Betrachten wir das folgende Beispiel, welches diese Sichtweise etwas mehr illustriert. Anton gefällt die Programmiersprache Scheme sehr gut. In seinen Programmen achtet er immer darauf, möglichst wenige Klammern zu verwenden – und das ist bei Scheme wahrlich keine einfache Aufgabe. Sein Komplexitätsmaß ist nun die Anzahl der (öffnenden) Klammern. Dieses Maß drückt jedoch nicht wirklich aus, wie schwierig oder wie *gut* das Programm ist. Es ist lediglich ein schwacher Fingerzeig für die Länge eines Programms. Eine andere Möglichkeit wäre, die Anzahl von sogenannten λ-Ausdrücken zu betrachten. Dies ist ein spezielles Konzept, welches mit der Verwendung von Unterfunktionen zusammenhängt. Aus deren Anzahl kann man ableiten, wie stark verschachtelt das Programm ist. Die beiden erwähnten Maße messen die Schwierigkeit des Computerprogramms, haben jedoch nichts mit der Effizienz dessen Ausführung zu tun. Dafür sind eher Maße wie Zeit- und Speicherbedarf sinnvoll.

Was fallen Ihnen noch für Maße ein?

Betrachten wir nun zuerst den Speicherbedarf eines Programms, also die Anzahl der benutzten Variablen und die Größe der gespeicherten Werte. Abhängig vom System ist die Größendarstellung innerhalb des Systems gleich. Die kleinste Speicherzelle hat konstante Größe und ist daher auf dem gleichen System auch immer gleich groß. Dies ist ein Wert, der jedoch von System zu System variieren kann und von der Repräsentation dieser Werte im Rechner abhängt. Ähnliche Überlegungen kann man auch für den Zeitbedarf anstellen. Wenn das Programm auf Antons Rechner der Firma I schnell läuft, kann es auf Bertas Rechner der Firma A viel langsamer oder auch schneller sein.

Deshalb möchten wir, wie schon im Vorwort erwähnt, eine sinnvolle Definition von Zeit- und Speicher-Bedarf eines Computerprogramms finden. Es soll ein Begriff sein, welcher *maschinenunabhängig* ist. Dies ist ein wichtiger Aspekt, da wir nicht schon bald wieder einen neuen Begriff definieren wollen, wenn es ein Computer-Update oder einen Betriebssystemwechsel gibt. Wichtig ist auch, dass Programme auf unterschiedlichen Rechnern vergleichbar sein sollen.

Hierzu sind also einige Begriffe zu präzisieren:

- Was ist ein algorithmisches Problem?
- Was ist ein Algorithmus oder Computer?
- Was bedeuten Zeit- und Speicherbedarf genau?

1.1. Welche Probleme wollen wir lösen?

Ein *algorithmisches Problem* P wird dadurch charakterisiert, dass man überprüfen möchte, ob Objekte gewisse Eigenschaften besitzen. Diese Eigenschaften können sehr vielfältig sein. Im Folgenden gehen wir davon aus, dass Sie wissen, was Graphen und aussagenlogische Formeln sind. Sollte dies nicht der Fall sein, so werfen Sie einfach einen Blick in den Anhang dieses Buches. Dort werden die Grundlagen zu beiden Themen ausführlich erläutert. Wenden wir uns nun einem ersten solchen Problem P zu. Uns liegt ein ungerichteter Graph $G = (V, E)$ vor und wir fragen uns nun, ob es in diesem Graphen einen vollständigen Teilgraphen (jeder Knoten ist mit jedem anderen hier verbunden) der Größe k gibt. Formal können wir das Problem so beschreiben:

Problemname: CLIQUE
Eingabe: Ungerichteter Graph $G = (V, E)$ und natürliche Zahl k
Frage: Gibt es einen vollständigen Teilgraphen mit k Knoten?

Das Problem heißt CLIQUE, da man üblicherweise vollständige Teilgraphen Cliquen nennt. Eine Spur mathematischer ist die folgende Mengenschreibweise und wird von uns hier im Buch primär verwendet:

$$\mathrm{CLIQUE} = \left\{ \langle G, k\rangle \;\middle|\; \begin{array}{l} G \text{ ist ein ungerichteter Graph, der als Teil-} \\ \text{graph den vollständigen Graphen mit } k \\ \text{Knoten enthält} \end{array} \right\}$$

Hier treten außerdem komische, spitze Klammern $\langle\cdot\rangle$ auf. Momentan können Sie diese erstmal ignorieren. Auf Seite 61 werden wir uns diesen Klammern wieder zuwenden und genauer ihren Sinn erläutern. Wie Sie momentan sehen, ist die Menge CLIQUE nun die Menge jener Paare von ungerichteten Graphen und natürlichen Zahlen k, die einen vollständigen Graphen mit k Knoten enthalten. Das heißt, das Vorhandensein von Cliquen der Größe k ist eben jene oben angesprochene Eigenschaft, welche unser Objekt (der ungerichtete Graph) besitzen soll. Diese Art von algorithmischen Problemen werden auch *Entscheidungsprobleme* genannt, da die zugehörige Frage nur mit *ja* oder *nein* beantwortet wird.

Ein anderes Objekt im obigen Sinne könnte eine aussagenlogische Formel $\varphi = (x \vee y) \wedge \neg x$ sein. Hier fragen wir uns natürlich, ob diese

Formel erfüllbar ist. Das zugehörige Problem lautet (ein letztes Mal in der vorherigen Schreibweise):

Problemname: SAT
Eingabe: Aussagenlogische Formel φ
Frage: Ist φ erfüllbar?

Die Mengenschreibweise lautet hierzu:

$$\text{SAT} = \{\langle\varphi\rangle \mid \varphi \text{ ist eine aussagenlogische, erfüllbare Formel}\}\,.$$

Hier sind wiederum nur jene Formeln ein Teil der Menge SAT, welche erfüllbar sind. Also wird wieder eine Ja/Nein-Frage in Bezug auf eine gegebene Formel beantwortet.

Nun möchten wir solche algorithmischen Probleme durch Computerprogramme oder Algorithmen lösen. Dazu müssen wir die *Eingaben* dieser Probleme in den Computer beziehungsweise den Algorithmus „eingeben". In den obigen Beispielen müssen also die Graphen und Formeln so beschrieben oder kodiert werden, dass wir diese über eine Tastatur eingeben können. Unser Programm soll nach der Eingabe entscheiden, ob unser Graph oder unsere Formel den geforderten Eigenschaften des algorithmischen Problems genügt. Dazu wenden wir uns jetzt den dazu notwendigen Beschreibungen oder Kodierungen formal zu. Anfänglich werden wir uns mit *Sprachen* beschäftigen. Informell gesprochen umfasst dieser Term lediglich eine Menge von Elementen mit einer Gemeinsamkeit, wie zum Beispiel die *gerade Wortlänge*. Prinzipiell ist es sogar möglich, jede natürliche Sprache – wie Deutsch oder Englisch – über diesen Terminus zu formalisieren.

Ein *Alphabet* ist eine endliche, nichtleere Menge. Die Elemente eines Alphabets heißen auch *Zeichen* oder *Symbole*.

Beispiel 1. $\{0,1\}, \{\mathrm{a}, \mathrm{b}, \mathrm{c}, \ldots, \mathrm{z}, \mathrm{A}, \ldots, \mathrm{Z}\}$ ◄

Ist M eine Menge, so bezeichnet $|M|$ die Anzahl der Elemente von M. Sei Σ ein Alphabet. Ein *Wort über* Σ ist eine Folge von Symbolen aus Σ. Ein Wort entsteht also durch *Hintereinanderschreiben* (*Konkatenation*) von Symbolen aus Σ.

Beispiel 2. $w = \mathrm{abbab}$ ist ein Wort über dem Alphabet $\{\mathrm{a}, \mathrm{b}\}$. ◄

Ein Spezialfall ist das leere Wort. Wir bezeichnen es mit ε. Die Menge aller Wörter über dem Alphabet Σ bezeichnen wir mit Σ^*.

Beispiel 3. Für $\Sigma = \{\mathrm{a}, \mathrm{b}\}$ ist $\Sigma^* = \{\varepsilon, \mathrm{a}, \mathrm{b}, \mathrm{aa}, \mathrm{ab}, \mathrm{ba}, \mathrm{bb}, \mathrm{aaa}, \mathrm{aab}, \mathrm{aba}, \ldots\}$. ◄

Eine *Sprache über* Σ ist eine Menge von Wörtern über Σ, also eine Teilmenge von Σ^*.

Beispiel 4. Die Menge der deutschen Wörter ist eine Sprache über

$$\{\mathrm{a}, \mathrm{b}, \mathrm{c}, \ldots, \mathrm{z}, \mathrm{A}, \ldots, \mathrm{Z}, \text{ä}, \text{ö}, \text{ü}, \ldots, \text{ß}\}.$$

Die Menge aller C-Programme ist eine Sprache über

$$\{\mathrm{a}, \mathrm{b}, \mathrm{c}, \ldots, \mathrm{z}, \mathrm{A}, \ldots, \mathrm{Z}, \{, \}, (,), [,], +, *, -, /, =, ., \_, \sqcup\}.$$

Beachten Sie, dass hierbei noch keine Aussage über die genaue Syntax getroffen wurde. ◄

Eine wichtige Operation auf Wörtern ist die *Konkatenation* bzw. das Hintereinanderschreiben. Die zugehörige Schreibweise hierfür ist $u \circ v$ oder kurz uv für Konkatenation die der Wörter u und v.

Beispiel 5. Ist $u = \mathrm{ab}$ und $v = \mathrm{bab}$, so ist $u \circ v = \mathrm{abbab}$. ◄

Die *Länge* eines Wortes w ist die Anzahl der Symbole in w. Als *Schreibweise* verwenden wir: $|w|$

Beispiel 6. $|\mathrm{aba}| = 3$, $|\varepsilon| = 0$, $|u \circ v| = |u| + |v|$ ◄

Für ein Wort w und $n \in \mathbb{N}$ ist w^n die Konkatenation

$$w^n = \underbrace{w \circ w \circ \cdots \circ w}_{n \text{ mal}}.$$

Wir definieren: $w^0 = \varepsilon$. Es ist $|w^n| = n \cdot |w|$. Als *Schreibweise* verwenden wir: $\Sigma^+ = \Sigma^* \setminus \{\varepsilon\}$.

1.2. Eine Universalmaschine

Nun wissen wir, wie man ein algorithmisches Problem mathematisch darstellt. Im folgenden Schritt möchten wir uns Gedanken machen, wie wir einen Algorithmus oder Computer modellieren. Stellen wir uns zunächst die Frage, wie ein Mensch ein algorithmisches Problem mit Papier und Stift lösen würde.

Alan Turing

Der britische Mathematiker und Logiker Alan M. Turing hat dazu im Jahre 1936 folgende Überlegungen angestellt. Er verglich die Vorgehensweise eines Menschen mit der einer Maschine, die in jedem Zeitpunkt ihrer Arbeit endlich viele Situationen unterscheiden oder sich merken kann, anders formuliert: sich in einem von endlich vielen *Zuständen* befindet. Der Mensch/die Maschine hat vor sich ein Blatt Papier liegen, auf dem er/sie arbeitet. Das Papier ist in einzelne Bereiche unterteilt, in die etwas geschrieben werden kann. Wir wollen die Bereiche *Zellen* nennen. In eine Zelle „passt" also sozusagen genau ein Symbol aus einem festgelegten Zeichenvorrat. Der Einfachheit halber stellen wir uns die Zellen aneinandergereiht vor, wie an einem Band aufgefädelt. Wir sprechen daher nicht von einem Papier, sondern von dem *Band* als Medium zum Zwischenspeichern von Rechenergebnissen. (Man darf bei dem Begriff „Band", engl.: *tape*, sicher auch an Magnet-Bänder denken, die in früheren Jahren den üblichen Massenspeicher von EDV-Geräten bildeten.) Die Maschine sieht („scannt") zu einem Zeitpunkt genau eine Bandzelle und kann das dort gespeicherte Symbol lesen. Abhängig von der momentanen Situation/dem momentanen Zustand und dem gelesenen Symbol führt die Maschine nun einen Befehl aus, der daraus besteht, dass sich der Zustand ändern darf, dass das gelesene Symbol durch ein anderes überschrieben oder gelöscht werden darf, und dass die Maschine ihre Aufmerksamkeit nun auf eine benachbarte Zelle richtet, also eine Position nach links oder eine Position nach rechts. Wir setzen voraus, dass der Maschine soviele Bandzellen als Speicher zur Verfügung stehen, wie sie benötigt. Sind alle Zellen beschrieben und werden weitere benötigt, werden sie zur Verfügung gestellt. Man sagt auch: Die Bandgröße ist nicht von vornherein beschränkt, sondern „potentiell unendlich" – nicht tatsächlich unendlich, da die Maschine zu jedem Zeitpunkt nur eine endliche Anzahl Zellen verwendet.

Eine Turingmaschine (TM) ist ein zunächst sehr abstrakt wirkendes Konzept. Man kann jedoch zeigen, dass dieser Typ von Maschine von seiner Berechungskraft äquivalent ist zu heutigen real existierenden Computern. (Wir werden dies in Kapitel 2 genauer tun.) Der große Vorteil von Turingmaschinen ist, dass sie ein erstaunlich *einfaches* Konzept bilden, das für mathematische Untersuchungen der

Lösbarkeit algorithmischer Probleme und der Effizienz möglicher Lösungsalgorithmen sehr geeignet ist.

Man kann sich eine Turingmaschine also wie folgt vorstellen:

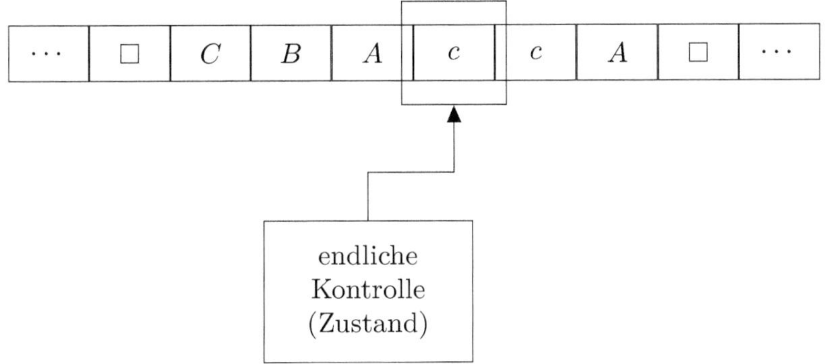

Der obere Streifen steht für das beidseitig (potentiell) unendliche Band, das in Zellen unterteilt ist, in denen Symbole (C, B, A, c im Beispiel) stehen können. Ein besonderes Symbol ist das *Blank* $\Box$, welches in leeren Bandzellen (z. B. an den Rändern) steht. Auf den Zellen bewegt sich ein Schreib-Lese-Kopf in drei verschiedenen Modi: links, rechts, keine Bewegung (oder neutral). Das kleine Kästchen unter dem Band (in gewissem Sinne die eigentliche Maschine) enthält das Programm und einen Speicher für den aktuellen Zustand. Abhängig vom aktuellen Zustand und dem gelesenen Zeichen wird dann ein Zeichen geschrieben und der Kopf abhängig von dem gewählten Modus bewegt. Formal gibt man für eine jede solche Maschine M

- die Menge der Zustände Z, die die Maschine hat,
- die Menge der Zeichen Γ, die auf dem Band stehen dürfen,
- die Übergangsfunktion $\delta\colon Z \times \Gamma \to Z \times \Gamma \times \{\mathrm{L}, \mathrm{R}, \mathrm{N}\}$,
- den Startzustand,
- die Menge der akzeptierenden Zustände A an sowie
- die Menge der verwerfenden Zustände V an.

Konstruieren Sie eine Maschine, die nur akzeptiert, wenn die Eingabelänge gerade ist.

Eine Turingmaschine definieren wir daher als ein Tupel $(Z, \Gamma, \delta, z_0, A, V)$[1].

Man kann dieses Konzept auf eine Maschine mit, beliebig aber endlich vielen, $k \in \mathbb{N}$ Bändern erweitern. Es bleibt jedoch bei einem Zustand und man kann in jedem Schritt k Kopfbewegungen abhängig vom aktuellen Zustand tätigen.

Im Folgenden verwenden wir Ein- und Mehrband-Turingmaschinen und unterscheiden jeweils, ob es ein separates Eingabeband gibt. Auf diesem Eingabeband darf nichts geschrieben werden. Es ist *read only*.

Konfiguration

Definition 1. Sei $M = (Z, \Gamma, \delta, z_0, A, V)$ eine TM, Σ ein Alphabet, $u, v \in \Sigma^*$ Wörter und $z \in Z$ ein Zustand. Wir nennen uzv dann eine *Konfiguration* von M auf uv. Dies bedeutet, dass M sich in Zustand z befindet und seinen Kopf auf dem ersten Zeichen von v stehen hat. Der Bandinhalt links vom Kopf ist u. ◀

Wie lautet die Konfiguration der dargestellten Maschine auf Seite 15 unter der Annahme, der angenommene Zustand ist z?

Im nächsten Schritt formalisieren wir, wie eine Maschine funktioniert, d. h. wie sie von einer Konfiguration in eine andere Konfiguration übergehen kann. Hierbei müssen wir auf die verschiedenen Möglichkeiten eingehen, also ob die Kopfbewegung nach links, rechts oder nicht geschieht.

Konfigurationsübergang

Definition 2. Seien $uzv, u'z'v'$ zwei Konfigurationen der TM $M = (Z, \Gamma, \delta, z_0, A, V)$. Wir sagen uzv geht in einem Schritt in $u'z'v'$ über, in Zeichen $uzv \vdash_M u'z'v'$, falls

$$\begin{aligned}
&(z', a', R) \in \delta(z, a) && \text{für } v = aw, u' = w'a', w, w' \in \Sigma^*, a, a' \in \Sigma,\\
&(z', a', L) \in \delta(z, a) && \text{für } v = aw, u = u'b, v' = ba'w', w, w' \in \Sigma^*,\\
& && a, b, a' \in \Sigma,\\
&(z', a', N) \in \delta(z, a) && \text{für } v = aw, v' = a'w', w, w' \in \Sigma^*, a, a' \in \Sigma.
\end{aligned}$$

Ein wenig visueller bedeutet dies:

$$\begin{aligned}
uzaw &\vdash_M w'a'z'v', && \text{wenn } (z', a', R) \in \delta(z, a),\\
u'bzaw &\vdash_M u'z'ba'w, && \text{wenn } (z', a', L) \in \delta(z, a),\\
uzaw &\vdash_M uz'a'w, && \text{wenn } (z', a', N) \in \delta(z, a).
\end{aligned}$$

[1] Häufig werden TMn auch als Tupel über $(Z, \Sigma, \Gamma, \delta, \square, E)$ definiert und damit zwischen Eingabe- und Ausgabealphabet unterschieden sowie das leere Bandsymbol $\square$ explizit angegeben. E ist dann hier einfach die Menge der Endzustände.

Häufig lässt man einfach das tiefgestellte M bei $\vdash_M$ weg und schreibt einfach $\vdash$, wenn es klar ist, um welche Maschine es gerade geht. Gibt es eine Folge von Konfigurationen $k_1, \ldots, k_n$ sodass $k_i \vdash k_{i+1}$ für alle $1 \leq i < n$ gilt, dann schreibt man auch $k_1 \vdash^{n-1} k_n$. Allgemeiner tritt öfters auch die Schreibweise $k \vdash^* k'$ auf, wenn gemeint ist, dass eine beliebige Folge von Konfigurationsübergängen möglich ist, um von k zu k' zu kommen. ◀

Die *Startkonfiguration* einer TM $M = (Z, \Gamma, \delta, z_0, A, V)$ auf Eingabe w ist dann z_0w. Nun können wir auch die Sprache einer Turingmaschine definieren:

$$L(M) = \{w \in \Sigma^* \mid z_0w \vdash_M^* uz'v \text{ mit } z' \in A\}.$$

Nachdem nun die nötigen Formalia definiert sind, wenden wir uns dem ersten Beispiel zu.

Beispiel 7. Fangen wir mit einem einfachen Beispiel an, um Turingmaschinen besser verstehen zu können. Die Sprache, die wir betrachten wollen, ist

$$L = \{a^n b^n c^n \mid n \geq 1\}.$$

Wie wir auf Seite 13 definiert haben, ist a^n das Wort $\overbrace{a \circ \cdots \circ a}^{n \text{ mal}}$. Das heißt, die hier definierte Sprache L besteht aus Wörtern mit Blöcken aus gleicher Länge von a's, b's und c's.

Zum Beispiel sind also Wörter wie $abc, a^3b^3c^3, a^{42}b^{42}c^{42}$ in L enthalten und Wörter wie $aabc, cab, acabac, ccaabb$ nicht in L enthalten, da entweder die Reihenfolge oder die Anzahlgleichheit verletzt werden.

Nun möchten wir für L eine Turing Maschine M angeben, sodass $L(M) = L$ gilt. Definieren wir hierzu die Turing Maschine

$$M = (\{z_0, \ldots, z_4, z_a, z_b, z_c, z_L\}, \{a, b, c, \#, \square\}, \delta, z_0, \{z_a\}, \{z_v\}),$$

wobei die Überführungsfunktion δ wie folgt gegeben ist.

$$\left.\begin{array}{lcl} z_0a & \rightarrow & z_aaR \\ z_aa & \rightarrow & z_aaR \\ z_ab & \rightarrow & z_bbR \\ z_bb & \rightarrow & z_bbR \\ z_bc & \rightarrow & z_ccR \\ z_cc & \rightarrow & z_ccR \\ z_c\Box & \rightarrow & z_L\Box L \end{array}\right\} \text{Test, ob Eingabe die Form } a^+b^+c^+ \text{ hat.}$$

$$\left.\begin{array}{lcl} z_Lc & \rightarrow & z_LcL \\ z_Lb & \rightarrow & z_LbL \\ z_La & \rightarrow & z_LaL \\ z_L\# & \rightarrow & z_L\#L \\ z_L\Box & \rightarrow & z_1\Box R \end{array}\right\} \text{Durchlauf nach links.}$$

$$\left.\begin{array}{lcl} z_1\# & \rightarrow & z_1\#R \\ z_1a & \rightarrow & z_2\#R \\ z_1\Box & \rightarrow & z_{akz}\Box N \end{array}\right\} \text{Suchen und Überschreiben des ersten } a\text{s.}$$

$$\left.\begin{array}{lcl} z_2\# & \rightarrow & z_2\#R \\ z_2b & \rightarrow & z_3\#R \\ z_2a & \rightarrow & z_2aR \end{array}\right\} \text{Suchen und Überschreiben des ersten } b\text{s.}$$

$$\left.\begin{array}{lcl} z_3\# & \rightarrow & z_3\#R \\ z_3c & \rightarrow & z_L\#L \\ z_3b & \rightarrow & z_3bR \end{array}\right\} \text{Suchen und Überschreiben des ersten } c\text{s.}$$

Nun geben wir noch die Fälle an, in denen die Maschine verwerfen soll:

$$\begin{array}{lll} z_0x \rightarrow z_vxN & x \in \{b, c, \Box\} & \text{(kein } a \text{ vorne)} \\ z_ax \rightarrow z_vxN & x \in \{c, \Box\} & (c \text{ vor } b) \\ z_bx \rightarrow z_vxN & x \in \{a, \Box\} & (a \text{ nach } b) \\ z_1x \rightarrow z_vxN & x \in \{b, c\} & \text{(zu wenig } a) \\ z_2x \rightarrow z_vxN & x \in \{c, \Box\} & \text{(zu wenig } b) \\ z_3x \rightarrow z_vxN & x \in \{a, \Box\} & \text{(zu wenig } c) \end{array}$$

Um die Notation von vorher aufzugreifen, ist für M also

$$\begin{aligned} Z &= \{z_0, z_1, z_2, z_3, z_4, z_a, z_b, z_c, z_L, z_{akz}, z_v\}, \\ \Gamma &= \{a, b, c, \#, \square\}, \\ A &= \{z_{akz}\} \text{ und} \\ V &= \{z_v\}. \end{aligned}$$

Begründung: Sei w die Eingabe. Zuerst durchläuft M das Wort w von links nach rechts und testet, ob w die Form $a^+b^+c^+$ hat. Ist dies nicht der Fall, so bleibt M stecken und akzeptiert nicht. Natürlich gilt dann auch $w \notin L$.

Gilt aber $w = a^k b^\ell c^m$ mit $k, \ell, m \geq 1$ so läuft M wieder auf die linke Begrenzung. Ab jetzt ist die Arbeit von M in Durchgänge eingeteilt: In jedem Durchgang läuft M nach rechts und ersetzt jeweils ein a, b und c durch $\#$. Am Ende des Durchgangs läuft M dann wieder auf die linke Begrenzung.

Gilt nicht $k = \ell = m$, d.h. $w \notin L$, so bleibt M in Durchgang $1 + \min\{k, \ell, m\}$ stecken, weil er eines der Zeichen a, b oder c nicht mehr findet.

Gilt aber $k = \ell = m$, d.h. $w \in L$, so steht nach Durchgang k das Wort $\#^k\#^k\#^k$ zwischen den Begrenzungen. In Durchgang $k + 1$ läuft dann M im Zustand z_1 komplett durch das Wort nach rechts bis zum rechten Bandende „$\square$“. Dann geht M in den akzeptierenden Zustand z_{akz} über. ◄

Bemerkung. Häufig ist es so, dass bei der Definition einer Maschine die verwerfenden Fälle (so wie wir sie hier angegeben haben) nicht erwähnt werden. Für alle dann "undefinierten" Fälle nimmt man an, dass die Maschine hierbei in einen verwerfenden Zustand wechselt. Daher geschieht es auch häufig, dass es nur akzeptierende Zustände gibt und die Menge V der verwerfenden Zustände unerwähnt bleibt.

Manchmal tritt dieses Problem auch ein, wenn man diese Nicht-Akzeptanz (bzw. dieses Verwerfen) durch eine Anweisung der Form $(z, a) \in \delta(z, a, N)$ realisiert. Dies ist also eine Endlosschleife der Maschine. Natürlich kann sie dann nie akzeptieren, aber wir werden später auf Seite 20 fordern, dass unsere Maschinen von da an immer halten. Dann müssen natürlich (rein formal) solche Fälle behandelt werden. Die Argumentation darüber, dass undefinierte Fälle zum Verwerfen führen, ist dann nicht mehr so sauber. Hier bietet sich dann ein zusätzlicher Zustand an, welcher die Eingabe einfach zu Ende liest und am Ende verwirft. ◀

Übungsaufgabe 1. Die Funktion Ω über dem Alphabet Σ ist für alle Eingaben $w \in \Sigma^*$ undefiniert. In unserem Kontext möchten wir annehmen, dass die Turingmaschine, die diese Funktion berechnet, dann keine Eingabe akzeptiert. Damit ist die Sprache dieser Maschine äquivalent zur leeren Sprache $\emptyset$. Geben Sie nun diese Turingmaschine vollständig an. Gehen Sie dabei davon aus, dass $\Sigma = \{0, 1\}$ gilt. ◀

1.3. Viele Bänder bringen nicht viel mehr als zwei

Nachdem wir in Abschnitt 1.2 Turingmaschinen auf einer sehr formalen Ebene betrachtet haben, wollen wir von nun an davon Abstand nehmen die genaue Übergangsfunktion im kleinsten Detail anzugeben. Stattdessen greifen wir auf Algorithmen in *Pseudocode* zu, da diese äquivalent zu Turingmaschinen sind. Betrachten wir die genaue Laufzeit eines solchen Pseudocode Algorithmus, dann überlegen wir uns jeweils, wie eine Turingmaschine die jeweiligen Anweisungen umsetzen kann. Damit Komplexitätsbetrachtung Sinn macht, wollen wir die Vereinbarung treffen, dass alle unsere Maschinen auf jeder Eingabe irgendwann einen (akzeptierenden oder verwerfenden) Endzustand erreichen und daher *halten*.

Laufzeit u. Speicherbedarf

Definition 3. Die *Laufzeit* einer Turingmaschine M bei Eingabe eines Wortes w ist die Anzahl der Rechenschritte, bevor M stoppt.

Der *Speicherbedarf* einer Turingmaschine M bei Eingabe eines Wortes w ist die Anzahl der Bandzellen auf den Arbeitsbändern (d. h., nicht auf dem Eingabeband), die mindestens einmal von M besucht wurden bevor sie stoppt. ◀

Rechenschritte meint hier Transitionsübergänge der δ-Funktion.

Zeit und Platz

Definition 4. Sei M eine Turingmaschine. Sei $f\colon \mathbb{N} \to \mathbb{N}$.

M arbeitet in *Zeit* f, falls für alle n und für alle Wörter w der Länge n die Laufzeit von M bei Eingabe w durch $f(n)$ beschränkt ist.

M arbeitet in *Platz* f, falls für alle n und für alle Wörter w der Länge n der Speicherbedarf von M bei Eingabe w durch $f(n)$ beschränkt ist. ◀

Beispiel 8. Wir betrachten die Sprache $A = \{0^k 1^k \mid k \geq 0\}$. A kann durch eine Einband-Turingmaschine erkannt werden, die durch den folgenden Pseudocode spezifiziert wird:

Geben Sie zu Ihrer Paritätsmaschine von S. 15 die Laufzeit und den Speicherbedarf an.

```
if eine 0 rechts von einer 1 steht then
    verwerfe
while sowohl Symbol 0 und 1 auf dem Arbeitsband bleiben do

    Streiche eine 0 und eine 1.
if es gibt noch eine 0 aber keine 1 oder umgekehrt then
    verwerfe
else
    akzeptiere
```

Donald Knuth

Nun möchten wir uns der Laufzeit dieser Maschine widmen und stoßen auf ein kleines Problem: Wie wir bereits zu Beginn des Kapitels gemerkt haben, ist eine genaue Angabe in hohem Grade vom verwendeten Maschinenmodell abhängig. Um dieses jedoch auszublenden, sind wir nur am *Wachstumsverhalten* der Laufzeit interessiert und treffen daher folgende Vereinbarung, die auf Knuth zurückgeht, der die O-Notation zur Algorithmenanalyse eingeführt hat.

Definition 5. Seien $f, g \colon \mathbb{N} \to \mathbb{N}$ zwei Funktionen. Dann ist:
$f \in O(g)$, falls es $c, n_0 \in \mathbb{N}$ gibt, sodass für alle $n \geq n_0$ gilt:

$$f(n) \leq c \cdot g(n),$$

wir schreiben dann auch: $f(n) \in O(g(n))$. Das heißt, f wächst *höchstens so stark wie* g. Man kann die O-Notation auch über Grenzwerte wie folgt definieren:

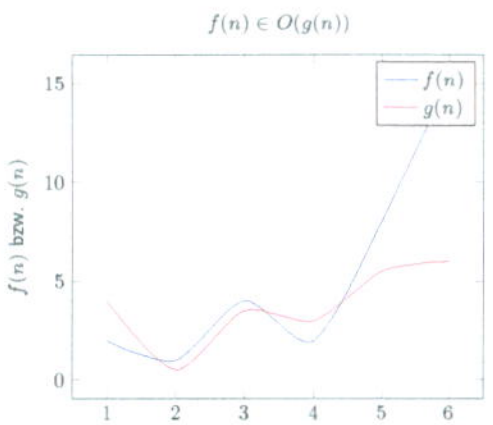

$$f(n) \in O(g(n)) \Leftrightarrow \lim_{n \to \infty} \frac{f(n)}{g(n)} < \infty,$$

wenn der Grenzwert existiert, ansonsten als $\limsup_{n \to \infty} \frac{f(n)}{g(n)}$.

Es gilt $f \in o(g)$, falls

$$\lim_{n \to \infty} \frac{f(n)}{g(n)} = 0.$$

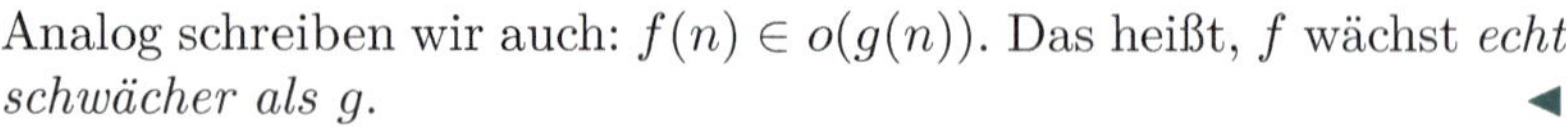

Analog schreiben wir auch: $f(n) \in o(g(n))$. Das heißt, f wächst *echt schwächer als g.* ◀

Juris Hartmanis

Nun wieder zurück zum Beispiel: Bei einer Eingabelänge von n ergibt sich eine Laufzeit dann wie folgt:

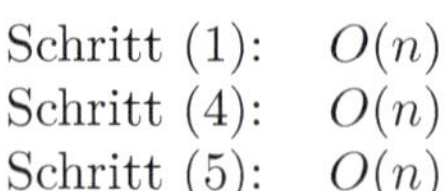

Schritt (1):	$O(n)$
Schritt (4):	$O(n)$
Schritt (5):	$O(n)$
Schleife (3)–(4)	wird $O(n)$ mal durchlaufen
Insgesamt:	$O(n^2)$

◀

Die folgenden Klassen gehen nun zurück auf Hartmanis und Stearns, die in ihrer Arbeit *On the computational complexity of algorithms. In: Transactions of the American Mathematical Society. Vol. 117, 1965, S. 285–306* die erste Definition hierzu gebracht haben.

Übungsaufgabe 2. Zeigen Sie, dass das vorherige Resultat für die Sprache A aus Beispiel 8 auch für die Sprache L aus Beispiel 7 gilt. ◀

TIME

Definition 6. Sei $t\colon \mathbb{N} \to \mathbb{N}$. Die Komplexitätsklasse TIME(t) besteht aus allen Sprachen A, für die es eine Mehrband-Turingmaschine gibt, die A entscheidet und in Zeit $O(t)$ arbeitet. ◀

SPACE

Definition 7. Sei $s\colon \mathbb{N} \to \mathbb{N}$. Die Komplexitätsklasse SPACE(s) besteht aus allen Sprachen A, für die es eine Mehrband-Turingmaschine mit Eingabeband gibt, die A entscheidet und in Platz $O(s)$ arbeitet. ◀

Dick Stearns

Nun haben wir uns auf ein formales Konzept geeinigt und wollen es auf das vorherige Beispiel anwenden. Es gilt also $A \in \text{TIME}(n^2)$. Eine bessere Schranke ergibt sich mit Hilfe von 2-Band-Turingmaschinen:

```
1: if eine 0 rechts von einer 1 gefunden wurde then
2:     verwerfe
3: Kopiere alle Symbole 0 auf Arbeitsband.
4: Für jede 1 auf Eingabeband: Lösche eine 0 vom Arbeitsband.
5: if 1 auf Eingabeband oder 0 auf Arbeitsband then
```

    verwerfe
akzeptiere

Es folgt: $A \in \mathrm{TIME}(n)$.

Übungsaufgabe[L] **3.** Auf 1-Band-Turingmaschinen kann A in Zeit $O(n \log(n))$ akzeptiert werden. ◀

Bemerkung. Eine Sprache L ist regulär genau dann, wenn L in Zeit $o(n \cdot \log(n))$ auf einer 1-Band-Turingmaschine akzeptiert wird. ◀

Im Folgenden stellen wir uns die berechtigte Frage, wie mächtig die Benutzung von mehreren Bändern ist. Diese kann man mit dem folgenden Satz beantworten.

Satz 1. Sei $t(n) \geq n$ eine Funktion. Jede Mehrband-Turingmaschine M, die in Zeit t arbeitet, kann von einer 1-Band-Turingmaschine M' simuliert werden, die in Zeit $O(t^2)$ arbeitet. ◀

Das heißt, die Benutzung von beliebig vielen Bändern kann durch *ein einziges* Band mit einem quadratischen Anstieg der Laufzeit simuliert werden.

Beweis (Satz 1) Ausgehend von der Maschine M mit k Bändern, konstruieren wir nun unsere 1-Band-Maschine M'. Die Idee ist, dass M' auf seinem Band die ganzen k Bandinhalte und Kopfpositionen von M speichert. Diese Informationen werden bandweise getrennt durch ein Sonderzeichen (#). Zur Simulation eines Schritts von M muss M' über sein gesamtes Band laufen, um die Inhalte und Kopfpositionen der k Bänder von M zu aktualisieren.

Das folgende Bild zeigt die Konstruktion im Beispiel einer 2-Band-TM:

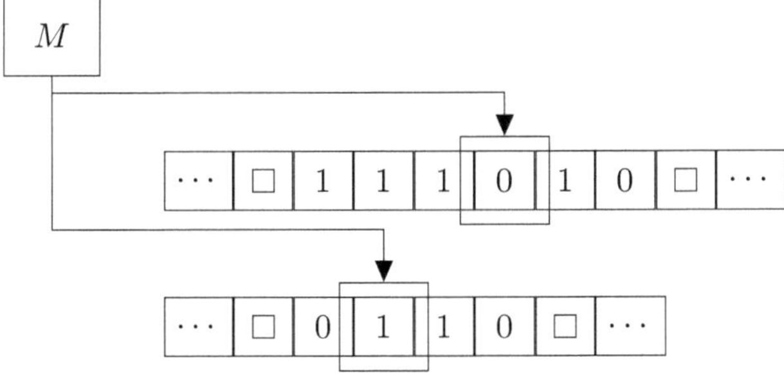

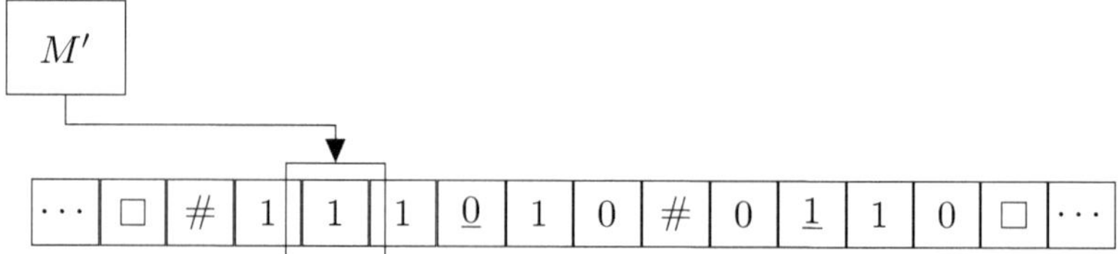

Die Kopfpositionen werden gesondert markiert (mit einem Unterstrich).

In jedem Simulationsschritt von M benötigt M' eine Laufzeit von $O(t(n))$. Insgesamt hat M' also eine Laufzeit von $O(t^2)$. (Satz 1) ■

Im folgenden Satz sieht man, dass man den quadratischen Anstieg verhindern kann, wenn man mindestens zwei Bänder hat. Wir beweisen den Satz jedoch nicht.

Satz 2. Sei $t(n) \geq n$ eine Funktion. Jede Mehrband-Turingmaschine M, die in Zeit t arbeitet, kann von einer 2-Band-Turingmaschine M' simuliert werden, die in Zeit $O(t \cdot \log(t))$ arbeitet. ◀

Übungsaufgaben.

Übungsaufgabe[L] 4. Beweisen oder widerlegen Sie die folgenden Behauptungen.

a) $2n \in O(n)$

b) $n^2 \in O(n)$

c) $\log_2(n) \in O(\log_k(n))$ für alle festen $k \in \mathbb{N}\backslash\{0, 1\}$

d) $n \cdot \log_2(n) \in O(n^2)$

e) $3^n \in 2^{O(n)}$

f) $(2^n)^3 \in 2^{O(n)}$

g) $2^{n^3} \in 2^{O(n)}$

h) $O(2^n) = O(3^n)$

i) $O(n^2) + O(n) = O(n^2)$

j) $O(n) - O(n) = O(0)$ ◀

Übungsaufgabe[L] 5. Beweisen oder widerlegen Sie die folgenden Behauptungen.

a) $n \in o(2n)$

b) $2n \in o(n^2)$

c) $n^k \in o(2^n)$ für alle festen $k \in \mathbb{N}$

d) $1 \in o(n)$

e) $1 + 2 + \cdots + n \in o(n^2)$ ◀

Übungsaufgabe 6. Beweisen oder widerlegen Sie:

a) $n^2 \in O(n \cdot \log(n))$

b) $n! \in O(2^n)$

c) $O(2^{2n}) = O(2^n)$

d) $O(n) \cdot (c^{s(n)})^k \cdot (s(n))^k \subseteq 2^{O(s(n))}$, wobei $s(n) \geq \log n$ eine Funktion ist und k eine Konstante.

e) $2^n \in o(3^n)$

f) $\log_2(n) \in o(n)$

g) $n^2 \in o(\log_2(n))$

h) $o(g(n)) \subseteq O(g(n))$ für alle $g : \mathbb{N} \to \mathbb{N}$ ◀

1.4. Nichtdeterminismus

Nichtdeterminismus kann auf verschiedene Weisen dargestellt werden. Für diejenigen Hörer, welche die Veranstaltung *Grundlagen der Theoretischen Informatik* nicht besucht haben, betrachten wir dieses Konzept zunächst genauer. Nehmen wir eine Turingmaschine $M = (Z, \Gamma, \delta, E)$ aus dem vorherigen Abschnitt als gegeben an. Formal gilt $|\delta(z, x)| \leq 1$ für $z \in Z$ und $x \in \Gamma$; das heißt, für jeden Übergang ist *determiniert*, was im Folgeschritt geschieht. Dies ist für nichtdeterministische Maschinen *nicht* der Fall. Diese Maschinen haben in jedem Schritt die Möglichkeit, zwischen verschiedenen auszuführenden Befehlen zu *wählen*.

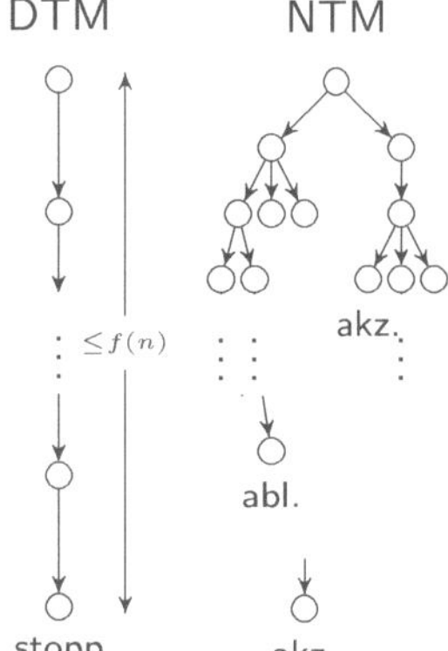

Diese Wahl kann man sich anschaulich auf verschiedenste Weise vorstellen:

- Die Maschine rät den Folgebefehl.
- Die Maschine kopiert sich $|\delta(z, x)|$ mal und rechnet parallel weiter.

Formal wird diese Eigenschaft der Überführungsfunktion durch eine Potenzmenge definiert:

$$\delta\colon Z \times \Gamma \to \mathcal{P}(Z \times \Gamma \times \{\mathrm{L}, \mathrm{R}, \mathrm{N}\}).$$

Die Struktur einer Berechnung einer solchen nichtdeterministischen Turingmaschine (NTM) ist nun ein Baum. Wir sagen, dass eine NTM M ihre Eingabe w akzeptiert, falls es eine akzeptierende Rechnung gibt. Das heißt, es muss einen Pfad in dem Berechnungsbaum von M geben, der zu einem akzeptierenden Zustand führt. Die von M *entschiedene* Sprache ist die Menge der von M akzeptierten Wörter.

Die Laufzeit von M ist die Tiefe des Berechnungsbaumes von M, also die maximale Anzahl von Rechenschritten, bevor M stoppt, über alle nichtdeterministischen Wahlmöglichkeiten.

Laufzeit NTM

Definition 8. Seien eine nichtdeterministische Turingmaschine M und die Funktion $f\colon \mathbb{N} \to \mathbb{N}$ gegeben. M arbeitet in Zeit f, falls für alle $n \in \mathbb{N}$ und für alle Wörter w der Länge n die Laufzeit von M bei Eingabe w durch $f(n)$ beschränkt ist. ◀

Die nichtdeterministische Komplexitätsklasse ist wie folgt definiert.

Definition 9. Sei $t\colon \mathbb{N} \to \mathbb{N}$ eine Funktion. Die Komplexitätsklasse NTIME(t) besteht aus allen Sprachen A, für die es eine Mehrband-NTM gibt, die A entscheidet und in Zeit $O(t)$ arbeitet. ◀

Der Speicherbedarf einer NTM wird nun analog zum Speicherbedarf einer gewöhnlichen (deterministischen) TM über die *maximale Anzahl* der besuchten Bandzellen *über alle Rechenwege* definiert.

Speicherbedarf NTM, NSPACE

Definition 10. Sei $s\colon \mathbb{N} \to \mathbb{N}$ eine Funktion. Eine NTM M arbeitet in Platz s, falls für alle n und für alle Wörter w der Länge n der Speicherbedarf von M bei Eingabe w (auf jedem Rechenweg) durch $s(n)$ beschränkt ist.

Die Komplexitätsklasse NSPACE(s) besteht aus allen Sprachen A, für die es eine Mehrband-NTM mit Eingabeband gibt, die A entscheidet und in Platz $O(s)$ arbeitet. ◀

Übungsaufgaben.

Übungsaufgabe^L 7. Es sei $f\colon \mathbb{N} \to \mathbb{N}$.

a)[L] Zeigen Sie: Ist $A \in \text{TIME}(f(n))$, so ist auch $\overline{A} \in \text{TIME}(f(n))$.

b)[L] Zeigen Sie: Ist $A \in \text{SPACE}(f(n))$, so ist auch $\overline{A} \in \text{SPACE}(f(n))$.

c) Sind die Erkenntnisse aus den Aufgaben a) und b) direkt übertragbar auf die Komplexitätsklassen NTIME bzw. NSPACE? Begründen Sie ihre Antwort. ◀

Übungsaufgabe 8. Geben Sie je eine Sprache aus der Klasse TIME(1) und SPACE(1) an. ◀

Übungsaufgabe 9. Im Folgenden betrachten wir die von Seite 21 bekannte Sprache $A := \{0^k1^k \mid k \geq 0\}$. Zeigen Sie, dass $A \in \text{SPACE}(\log(n))$ gilt. Beschreiben Sie hierzu die Funktionsweise der Turingmaschine vollständig und begründen Sie den Speicherbedarf der Maschine. ◀

Übungsaufgabe[L] 10. Es sei ⋆⋆⋆

$$B := \{\text{bin}(0) \diamond \text{bin}(1) \diamond \cdots \diamond \text{bin}(n) \mid n \in \mathbb{N}\},$$

wobei $\text{bin}(k)$ für $k \in \mathbb{N}$ die Binärdarstellung von k ohne führende Nullen ist. Zeigen Sie, dass $B \in \text{SPACE}(\log(\log(n)))$ gilt. Beschreiben Sie hierzu die Funktionsweise Ihrer Turingmaschine vollständig und zeigen Sie, dass der Speicherbedarf der Maschine $O(\log(\log(n)))$ ist.
Hinweis: Vergleichen Sie benachbarte Binärzahlen miteinander und beachten Sie, dass n hier nicht die Länge der Eingabe kodiert. ◀

1.5. Beziehungen zwischen den Komplexitätsklassen

Im vorherigen Abschnitt haben wir uns auf die Formalitäten geeinigt. Unsere Motivation war, ein Komplexitätsmodell zu finden, welches unabhängig vom unterliegenden Rechnertyp Vergleiche zulässt. Daher haben wir uns auch für die O-Notation entschieden, da diese Laufzeit- und Speicherbedarf-Unterschiede zwischen zwei Systemen verschwinden lässt.

Nun stellt sich zuerst die Frage, wie die einzelnen Maschinen-Typen, also deterministisch *versus* nichtdeterministisch, ineinander „übersetzt" werden können. Außerdem werden wir untersuchen, wie sich Speicherbedarf zu Laufzeit verhält – und umgekehrt.

Satz 3. Sei $t(n) \geq n$ eine Funktion. Dann gilt

$$\mathrm{NTIME}(t(n)) \subseteq \mathrm{TIME}(2^{O(t(n))}). \qquad ◀$$

Beweis Wir fragen also nach der Simulation einer NTM durch eine TM, sodass die Laufzeit nicht mehr als exponentiell steigt. Wir konstruieren den Berechnungsbaum der NTM mit der deterministischen Maschine.

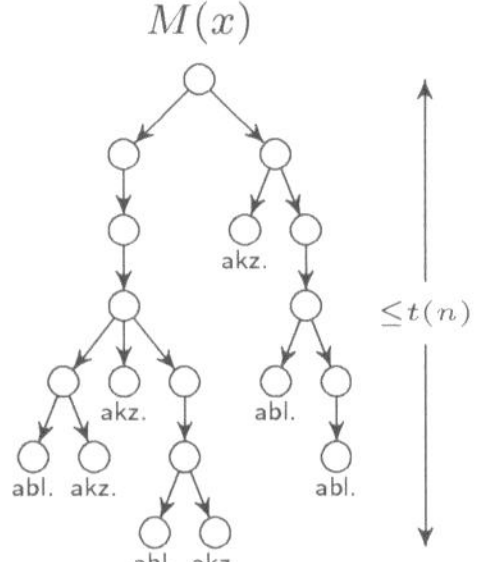

Sei M eine nichtdeterministische Turingmaschine, die in Zeit t arbeitet. Sei w ein Eingabewort. Wird M auf Eingabe w gestartet, dann entsteht ein *Berechnungsbaum* der Tiefe $\leq t(|w|)$. Ein Knoten innerhalb dieses Baumes entspricht einer *Situation* der Berechnung von M, das heißt er enthält den Zustand, die Inhalte der Bänder sowie die einzelnen Kopfpositionen. Eine solche Situation wird oft *Konfiguration* genannt. Die Verzweigungen in dem Baum entsprechen den nichtdeterministischen Wahlmöglichkeiten.

Definiere nun eine Turingmaschine N (jetzt deterministisch), die den Berechnungsbaum von M Knoten für Knoten konstruiert und nach einer akzeptierenden Konfiguration durchsucht.

Die Größe dieses Baumes ist $\leq \Sigma_{i=0}^{t(n)} b^i \in 2^{O(t(n))}$, wobei b der maximale Verzweigungsgrad im Baum ist. Die Zeit, um von einer Konfiguration zur nächsten zu gelangen, ist $O(t(|w|))$. Es ergibt sich also eine Gesamt-Laufzeit von N von $2^{O(t(|w|))}$. ■

Satz 4. Sei $t(n) \geq n$ eine Funktion. Dann gilt

$$\mathrm{NTIME}(t(n)) \subseteq \mathrm{SPACE}(t(n)). \qquad ◀$$

Beweis Hier verwenden wir die Simulation des vorherigen Beweises, durchforsten jedoch den Berechnungsbaum nun in Tiefensuche und konstruieren nicht mehr den *gesamten* Baum. Der Speicherbedarf schlüsselt sich wie folgt auf:

$O(t(n))$: zum Speichern einer Konfiguration,

$O(t(n))$: zum Speichern des Pfades zur aktuellen Konfiguration.

■

Der vorherige Satz schenkt uns sofort das folgende Korollar.

Korollar 1. Sei $t(n) \geq n$ eine Funktion. Dann gilt:

$$\mathrm{TIME}(t(n)) \subseteq \mathrm{SPACE}(t(n)).$$ ◄

Begründen Sie, wieso Korollar 1 aus Satz 4 folgt!

Wie lange dauert die Simulation einer deterministischen Maschine, deren Speicherbedarf bekannt ist? Diese Frage beantworten wir im folgenden Satz.

Satz 5. Sei $s(n) \geq \log(n)$ eine Funktion. Dann gilt

$$\mathrm{SPACE}(s(n)) \subseteq \mathrm{TIME}(2^{O(s(n))}).$$ ◄

Beweis Das Wichtige in diesem Beweis ist, sich zu überlegen, wie viel Platz welche Information genau benötigt.

Sei M eine Turingmaschine, die in Platz s arbeitet. Sei k die Anzahl der Arbeitsbänder von M. Sei z die Anzahl der Zustände von M und sei a die Anzahl der Symbole des Alphabets.

Wir erinnern uns, dass unsere Maschinen immer halten. Folglich wird keine Konfiguration in irgendeiner Rechnung zweimal angenommen (sonst hätten wir eine Schleife und würden nicht halten). Demnach ist die Rechenzeit bei Eingabelänge n

$$\begin{aligned}
&\leq \text{ Anzahl der Konfiguration von } M \text{ bei Eingabelänge } n\\
&\leq \ \#\text{Zustände}\\
&\quad \cdot \#\text{möglicher Kopfpositionen auf dem Eingabeband}\\
&\quad \cdot \#\text{möglicher Kopfpositionen auf den Arbeitsbändern}\\
&\quad \cdot \#\text{möglicher Arbeitsbandinhalte}\\
&= z \cdot (n+2) \cdot (a^{s(n)})^k \cdot (s(n))^k\\
&= 2^{O(s(n))}, \text{ falls } s(n) \geq \log(n).
\end{aligned}$$

■

In den folgenden Sätzen spielt eine bestimmte Eigenschaft eine wichtige Rolle, die wir nun definieren wollen. Informell gesprochen, umschreibt sie die Möglichkeit, eine Funktion durch eine deterministische Einband-Turingmaschine zu konstruieren. Diese Eigenschaft wird wichtig bei der Simulation von Maschinen, wenn der Simulator den Speicherbedarf der zu simulierenden Maschine benutzt.

Raumkonstruierbarkeit

Definition 11. Sei $f\colon \mathbb{N} \to \mathbb{N}$ eine Funktion. Wir nennen f *raumkonstruierbar*, falls es eine deterministische Turingmaschine gibt, die bei Eingabe eines Wortes x einen Speicherbedarf von genau $f(|x|)$ hat. ◀

Wichtig ist hierbei der Zusatz „genau". Die Maschine darf wirklich nur *genau* so viele Bandzellen am Ende besucht haben und *keine einzige weitere*.

Bemerkung. Die „üblichen" uns bekannten Funktionen, wie n^k mit $k \in \mathbb{N}$, $\log_2(n), n \cdot \log_2(n), 2^n$ sind raumkonstruierbar. ◀

Den folgenden Satz werden wir nicht beweisen.

Satz 6. Es existiert keine raumkonstruierbare Funktion s mit $s = o(\log(n))$, die nicht bereits konstant ist. ◀

Im nächsten Satz verwenden wir die Raumkonstruierbarkeit das erste Mal.

Satz 7. Sei $s(n) \geq \log(n)$ raumkonstruierbar. Dann gilt

$$\mathrm{NSPACE}(s(n)) \subseteq \mathrm{TIME}(2^{O(s(n))}).$$ ◀

Geben Sie eine Maschine an, die die Funktion $s(n) = n+3$ raumkonstruiert.

Nun könnte die erste Idee, die man aus den vorherigen Beweisen haben könnte, das Durchsuchen des Berechnungsbaumes sein. Dies ist jedoch keine gute Idee, da die Tiefe des Baumes $2^{s(n)}$ beträgt und daraus resultierend eine Tiefensuche bis zu $2^{2^{s(n))}}$ Schritte dauern kann.

Unsere zweite Idee folgt dem Prinzip der *dynamischen Programmierung* und führt auch zum gewünschten Resultat.

Beweis (Satz 7) Sei M eine NTM, die in Platz s arbeitet. Sei M' die DTM, die die Funktion s raumkonstruiert.

Nun definiere eine DTM N wie folgt:

Eingabe: $w, |w| = n$

1: Markiere $s(n)$ Zellen auf Arbeitsband 1 durch Simulation von M'.
2: Schreibe alle Konfigurationen von M mit Speicherbedarf $s(n)$ auf Band 2.
3: Markiere Startkonfiguration rot.
4: **while** es gibt noch rot markierte Konfigurationen **do**

```
5:     Sei K die erste rot markierte Konfiguration. Markiere K grün.
6:     Markiere alle unmarkierten Folgekonfigurationen von K rot.
7: if eine akzeptierende (End-)Konfiguration ist markiert then
8:     akzeptiere
9: verwerfe
```

Eine Folgekonfiguration ist hierbei eine Konfiguration, die in einem Schritt erreicht werden kann.

Die Laufzeit von N ergibt sich wie folgt: in der **while**-Schleife wird in jedem Durchlauf eine Konfiguration grün gefärbt. Also ist die Anzahl der Schleifendurchläufe durch die Anzahl der Konfigurationen, wovon es $\leq 2^{O(s(n))}$ gibt, beschränkt.

Die Laufzeit für die einzelnen Schritte beträgt:

Schritt	Laufzeit
1	$2^{O(s(n))}$
2	$2^{O(s(n))} \cdot O(s(n))$
3	$O(s(n))$
4	$2^{O(s(n))} \cdot O(s(n))$
5	$2^{O(s(n))} \cdot O(s(n))$
6	$2^{O(s(n))} \cdot O(s(n))$
7	$2^{O(s(n))} \cdot O(s(n))$

Insgesamt führt dies also auf eine Laufzeit von

$$2^{O(s(n))} \cdot 2^{O(s(n))} \cdot O(s(n)) = 2^{O(s(n))},$$

falls $s(n) \geq \log(n)$. (Satz 7) ■

Der nächste Satz ist von Walter Savitch im Jahr 1970 bewiesen worden und lässt die Äquivalenz von Determinismus und Nichtdeterminismus bei polynomiellem Speicherbedarf folgern.

Satz von Savitch

Satz 8. Sei $s(n) \geq \log(n)$ raumkonstruierbar. Dann gilt

$$\mathrm{NSPACE}(s(n)) \subseteq \mathrm{SPACE}((s(n))^2).$$ ◀

Beweis Sei M eine NTM, die in Platz s arbeitet. Sei w eine Eingabe von M, deren Länge wir als $n = |w|$ abkürzen.

Walter Savitch

Die folgende rekursive Prozedur bestimmt, ob eine Konfiguration K_2 (von M auf w) von einer Konfiguration K_1 aus in $\leq 2^t$ Schritten erreicht werden kann.

```
Prozedur ERREICHBAR(K_1, K_2 Konfigurationen, t Schritte)
    if K_1 = K_2 or K_2 geht aus K_1 durch einen Schritt von
    M hervor then
        return wahr
    else if t = 0 then return falsch
    else
        for alle Konf. K von M mit Speicherbedarf s(n) do
            if ERREICHBAR(K_1, K, t − 1) and
              ERREICHBAR(K, K_2, t − 1) then
                return wahr
    return falsch
```

Sei K_0 die Startkonfiguration von M und sei $d \in \mathbb{N}$, sodass M in Zeit $2^{d \cdot s(n)}$ arbeitet.

Begründen Sie, warum ein solches d existieren muss.

Definiere nun die DTM N wie folgt:

```
Eingabe: w, |w| = n, Startkonfiguration K_0
for alle akzeptierenden Konfigurationen K mit Speicherbedarf
s(n) do
    if ERREICHBAR(K_0, K, d · s(n)) then
        return wahr
return falsch
```

Speicherbedarf von N: N muss auf ihren Bändern die Werte der Variablen K, K_1, K_2, t speichern, deren Speicherbedarf durch $O(s(n))$ beschränkt ist. Die Rekursionstiefe des Algorithmus ergibt sich zu $d \cdot s(n) = O(s(n))$. Also ergibt sich ein Speicherbedarf von $O((s(n))^2)$. ■

Übungsaufgaben

⋆ **Übungsaufgabe[L] 11.** Es seien f, g raumkonstruierbare Funktionen und $k \in \mathbb{N}$. Zeigen Sie nun, dass die Funktionen

a) $f + g$,

b) $f \cdot g$,

c) f^g und

d) $h(n) = n^k$

raumkonstruierbar sind. ◄

Übungsaufgabe^{L} 12. Beweisen Sie die folgenden Aussagen:

a) $\mathrm{TIME}(2^n) = \mathrm{TIME}(2^{n+1})$,

b) $\mathrm{NTIME}(n) \subseteq \bigcup_{k \in \mathbb{N}} \mathrm{SPACE}(n^k)$. ◄

Übungsaufgabe 13. Zeigen Sie

$$\{w\$w^R \mid w \in \{0,1\}^*\} \in \mathrm{SPACE}(n),$$

wobei w^R für rückwärts geschriebenes w steht. ◄

Übungsaufgabe 14. Zeigen Sie, dass die Aussage

$$\{w\$w \mid w \in \{0,1\}^*\} \in \mathrm{NTIME}(n)$$

gilt. ◄

Übungsaufgabe 15. Modifizieren Sie Ihr Resultat zur vorherigen Aufgabe, sodass Sie zeigen können:

$$\{w \in \{0,1\}^* \mid w \text{ ist ein Palindrom}\} \in \mathrm{NTIME}(n).$$

Ein Palindrom ist hierbei ein Wort, welches vorwärts wie rückwärts geschrieben identisch ist. ◄

Übungsaufgabe 16. Zeigen Sie $\{n \mid n \text{ ist keine Primzahl in Dezimaldarstellung}\} \in \mathrm{NTIME}(|n|)$, mit $|n|$ die Länge der Dezimaldarstellung der Zahl n. ◄

1.6. Die Hierarchiesätze

Kurt Gödel

Im vorherigen Abschnitt haben wir gesehen, wie die einzelnen Maschinentypen sich untereinander verhalten. Also beispielsweise, wie man eine nichtdeterministische Maschine mit Speicherbedarf $s(n)$ in eine deterministische Maschine mit Laufzeit $t(n)$ umrechnet und wie die Laufzeit sich genau verhält – also $t(n) = 2^{O(s(n))}$ nach Satz 7. Hierbei haben wir immer Inklusionsbeziehungen betrachtet, die Gleichheit der Klassen *nicht* ausschließen.

Nun wollen wir uns auch Gedanken über die *Rückrichtung* machen. Die Frage ist nämlich, ob bestimmte Klassen zusammenfallen und daher überflüssig sind oder ob ihre Inklusion *echt* ist. Hierzu können wir nun den folgenden Satz benutzen.

Satz 9. Sei $s(n) \geq \log(n)$ eine raumkonstruierbare Funktion. Dann gibt es eine Sprache in SPACE(s), die nicht mit Speicherbedarf $o(s)$ entschieden werden kann. ◀

Bevor wir zum Beweis kommen, möchten wir uns noch das Prinzip der *Gödelisierung* von Maschinen anschauen. Hierbei geht es darum, eine Maschine in einer bestimmten Form darzustellen. Wir möchten nun diese Maschinen über dem Alphabet $\{0, 1\}$ betrachten. Für eine Turingmaschine $M = (Z, \Gamma, \delta, z_0, E)$ benötigen wir im Prinzip nur die Überführungsfunktion. Man kann die Vereinbarung treffen, dass z_0 immer Startzustand und der Zustand z_k mit dem größten k der akzeptierende Endzustand ist. Nun können wir eine Bewegung $\delta(z_i, X_j) \ni (z_k, X_\ell, K_m)$ mit $K_1 = L, K_2 = N, K_3 = R$ durch das Binärwort

$$0^i 1 0^j 1 0^k 1 0^\ell 1 0^m$$

kodieren. Eine Turingmaschine M kann dann durch das Binärwort

$$111\text{code}_1 11\text{code}_2 11 \cdots 11\text{code}_r 111,$$

dargestellt werden, wobei code$_i$ den i-ten δ-Eintrag kodiert.

Damit sind Turingmaschinen nichts anderes als *natürliche Zahlen* aus $\mathbb{N}$ in Binärdarstellung. „Fast!“, werden Sie jetzt zu recht sagen, da nicht klar ist, was passiert, wenn wir eine Zahl n gegeben haben, die wir nicht nach unserem Schema übersetzen können. Für solche Fälle verwenden wir eine Standard Turingmaschine Ω, welche einfach auf jeder Eingabe hält und akzeptiert.

Konstruieren Sie die Überführungsfunktion für Ω und denken Sie über die Gödelisierung davon nach.

In diesem Satz verwenden wir ein Verfahren, das unter dem Namen *Diagonalisierung* bekannt geworden ist. Hierbei konstruierte man eine spezielle Maschine[2], welche andere Maschinen als Eingabe bekommt. Denken wir nun an unsere Gödelisierung von oben, dann kann man Paare von natürlichen Zahlen $(n, m) \in \mathbb{N} \times \mathbb{N}$ auffassen als Gödelisierungen von Maschinen n, deren Eingabe m auch wieder eine Gödelisierung einer Maschine ist. Das heißt, wenn $n = m$ ist, tritt der Sonderfall auf, dass eine Maschine ihre eigene Gödelisierung als Eingabe bekommt. Für diese Fälle bewegen wir uns sozusagen auf der Diagonalen. Der folgende Beweis ist auch wieder ein Diagonalisierungsbeweis mit einem Unterschied: die „Diagonale" ist keine wirkliche, sondern nach rechts „ausgefranst", wie in der Abbildung im Rand zu sehen ist (die grünen Kästchen zeigen die Hauptdiagonale und die roten markieren die Fälle, wo in dem Beweis ein Widerspruch erzeugt wird).

Beweis (Satz 9) Für eine Turingmaschine M sei $\langle M \rangle$ die vorher angesprochene Gödelisierung dieser Maschine mit einer Anpassung: wir dürfen beliebig viele Einsen als Präfix der Gödelisierung verwenden.

Betrachte nun die folgende Turingmaschine $\hat{M}$:

Eingabe: $w, |w| = n$

Markiere $s(n)$ Bandzellen.
if spätere Simulationen versuchen den markierten Bereich zu verlassen **then**
  verwerfe
if w ist nicht von der Form $1^*\langle M \rangle$ für eine TM M **then**
  verwerfe
Simuliere M auf Eingabe w und zähle Schritte mit.
if mehr als $2^{s(n)}$ Schritte benötigt werden **then**
  verwerfe
if M akzeptiert **then**
  verwerfe
akzeptiere

Nennen wir die Sprache, die von $\hat{M}$ entschieden wird A. Nach Konstruktion gilt offensichtlich, dass $A \in \mathrm{SPACE}(s)$. Wir beobach-

[2]Wenn Sie Interesse an diesem Beweis haben, recherchieren Sie nach dem *Halteproblem*.

ten, dass, wenn die TM M in Zeile 6 einen Speicherbedarf von $s' \geq \log(|w|)$ hat und es t verschiedene Bandsymbole in der Maschine gibt, dann benötigt die Simulation $\lceil \log(t) \rceil \cdot s'(|w|)$ Platz.

Nun bleibt die folgende Behauptung zu zeigen.

Behauptung. Sei $s' \in o(s)$, dann ist $A \notin \mathrm{SPACE}(s')$.

Wir beweisen die Behauptung mit einem Widerspruchsbeweis.

Beweis (Behauptung) Angenommen es gilt $A \in \mathrm{SPACE}(s')$. Sei nun N die Turingmaschine, die A in Platz s' entscheidet und t Bandsymbole hat. Da es unendlich viele Gödelisierungen von N gibt (wegen der beliebig langen Präfixe), wähle w von der Form $1^*\langle N \rangle$ so lang, dass $\lceil \log(t) \rceil \cdot s'(|w|) < s(|w|)$ sowie N auf w einen Speicherbedarf von $\leq s(|w|)$ und eine Laufzeit von $\leq 2^{s(|w|)}$ hat (bei einem Speicherbedarf von $o(s)$ ergibt sich eine Laufzeit von $2^{o(s)}$).

Aus der Wahl von w folgt, dass $\hat{M}$ bei Eingabe w den Schritt 9 ihrer Rechnung erreicht. Also gilt

$$
\begin{aligned}
w \in A &\Leftrightarrow N \text{ akzeptiert } w && \text{(Annahme)} \\
&\Leftrightarrow \hat{M} \text{ akzeptiert } w \text{ nicht} && \text{(Konstruktion } \hat{M}\text{, Schritt 9)} \\
&\Leftrightarrow w \notin A && \text{(Definition } A\text{)}
\end{aligned}
$$

Dies ist ein Widerspruch zur Annahme, also folgt $A \notin \mathrm{SPACE}(s')$.

(Behauptung) ■

Damit ist die Behauptung gezeigt und der Satz ist bewiesen.

(Satz 9) ■

Den Satz können wir nun dazu verwenden, um beliebige Platzklassen zu separieren, wenn zwei Vorbedingungen gegeben sind.

Platzhierarchiesatz

Korollar 2. Sei $s_1 \in o(s_2)$ und s_2 raumkonstruierbar. Dann ist

$$\mathrm{SPACE}(s_1) \subsetneq \mathrm{SPACE}(s_2).$$

Ein ähnliches Resultat gibt es auch für die Zeitklassen. Hierfür benötigt man jedoch neben einer sinnvollen Definition von *Zeitkonstruierbarkeit* als Pendant zur Raumkonstruierbarkeit eine weitere „Zutat“: man muss zeigen, dass man aus einer k-Band-Maschine, die in Zeit t läuft, eine 2-Band-Maschine bauen kann, welche in Zeit $t \cdot \log(t)$ läuft. Dieser logarithmische Faktor ist übrigens auch genau der, welcher in Satz 10 auftaucht.

Wir möchten weder diesen Satz, noch den Zeithierarchiesatz detailliert beweisen und beschränken uns daher lediglich auf die Nennung des Resultats von letzterem. Als zusätzliche Anmerkung sei noch gegeben, dass viele raumkonstruierbare Funktionen auch zeitkonstruierbar sind – $\log(n)$ allerdings nicht.

Satz 10. Sei $t_1(n) \in o\left(\frac{t_2(n)}{\log(t_2(n))}\right)$, t_2 „zeitkonstruierbar“. Dann ist

Zeithierarchiesatz

$$\mathrm{TIME}(t_1) \subsetneq \mathrm{TIME}(t_2).$$

Ähnliche Resultate gelten auch für nichtdeterministische Turingmaschinen.

Spezielle Komplexitätsklassen

In der Komplexitätstheorie ordnet man Probleme anhand ihres bestimmten Schwierigkeitsgrades in Klassen ein. Hiervon gibt es eine sehr große Anzahl. Besuchen Sie doch einmal die Webseite des ComplexityZoo auf `complexityzoo.uwaterloo.ca`. Hier haben sich einige Forscher um Scott Aaronson die Mühe gemacht und eine große Anzahl von Klassen mit zugehörigen Resultaten zusammengefasst. Viele davon haben auch ihre Berechtigung. Allerdings ist bei einer weiteren großen Anzahl von Klassen nicht klar, ob sie nicht vielleicht sogar gleich sind – und damit nur *verschiedene Namen* tragen. Im folgenden Bild ist eine Übersicht von wichtigen Komplexitätsklassen dargestellt. Die einfachen Linien (ohne die echten Inklusionssymbole) deuten an, dass es hier nicht *bekannt* ist, ob die Inklusion echt ist. Die beiden echten Inklusionen folgen aus Korollar 2 bzw. Satz 10.

Scott Aaronson

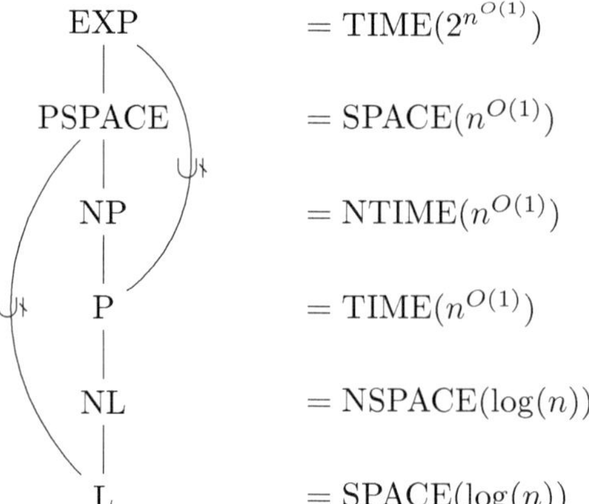

Wohin gehört die Klasse NPSPACE in dem Schaubild und warum?

Übungsaufgaben

⋆ **Übungsaufgabe[L] 17.** Beweisen oder widerlegen Sie die folgenden Aussagen:

a) $\mathrm{TIME}(n \cdot \log_b(n)) \subseteq \mathrm{TIME}(n^2)$.

b) $\mathrm{NTIME}(n \cdot \log_b(n)) \subseteq \mathrm{SPACE}(n^4)$.

c) $\mathrm{NSPACE}(2^{3n}) = \mathrm{NSPACE}(2^n)$.

d) $\mathrm{SPACE}(2^n) \subsetneq \mathrm{SPACE}(2^{2n})$.

e) $\mathrm{NTIME}(n) \subsetneq \mathrm{PSPACE}$.

f) $\mathrm{PSPACE} \subsetneq \mathrm{SPACE}(2^n)$. ◀

Übungsaufgabe 18. Eine Sprache $A \subseteq \Sigma^\star$ ist semi-entscheidbar, wenn die charakteristische Funktion $\chi_A \colon \Sigma^\star \to \{0,1\}$ der Sprache A mit

$$\chi_A(w) := \begin{cases} 1, & \text{falls } w \in A \\ \text{undefiniert}, & \text{sonst} \end{cases}$$

berechenbar ist. Das heisst, ein Algorithmus akzeptiert Wörter $w \in A$ nach einer endlichen Zeit, jedoch für Wörter $w \notin A$ muss keine Antwort kommen, sondern der Algorithmus kann auch in eine Endlosschleife gehen. Dies ist explizit hier anders als unsere bisherige Vereinbarung von Seite 20.

Definition 12. Sei $t\colon \mathbb{N} \to \mathbb{N}$. Die Klasse SEMITIME($t(n)$) besteht aus allen Sprachen A, für die es eine Mehrband-Turingmaschine gibt, die A semi-entscheidet (also ein Semi-Entscheidungsalgorithmus für A ist) und deren Laufzeit für alle $w \in A$ durch $O(t(|w|))$ beschränkt ist. Eine Akzeptanz von Wörtern aus den Sprachen findet also garantiert in Zeit $O(t(|w|))$ statt. ◀

Beweisen Sie: Ist $A \in$ SEMITIME($t(n)$) für eine berechenbare Funktion $t\colon \mathbb{N} \to \mathbb{N}$, so ist A entscheidbar, d. h. es gibt einen Algorithmus, der nach endlicher Zeit sowohl akzeptiert als auch verwirft (abhängig davon ob $w \in A$ oder $w \notin A$), ohne in eine Endlosschleife zu gehen. ◀

Was haben wir in diesem Kapitel gesehen?

Zuerst haben wir uns mit einer – in unseren Augen – sinnvollen Definition von den beiden Komplexitätsmaßen Zeit und Platz (Speicherbedarf) befasst. Anschließend haben wir Komplexitätsklassen hierfür gefunden und diese auch in den nichtdeterministischen Varianten beschrieben. Nun wollten wir die Zusammenhänge zwischen diesen neuen Klassen genauer verstehen und haben jeweils Übersetzungen dieser Maschinentypen untereinander bewiesen. Zum Schluss haben wir noch wichtige Spezialfälle von Komplexitätsklassen erwähnt und zwei Sätze gezeigt, die zum Trennen von Komplexitätsklassen verwendet werden können.

Welche Aussagen sind richtig, welche falsch?

✓ × • $\text{SPACE}(n^{O(1)}) = \text{NSPACE}(n^{O(1)})$

✓ × • Sei $f(n) \geq n$ für alle $n \in \mathbb{N}$. Dann gilt $\text{NTIME}(f(n)) \subseteq \text{SPACE}(2^{O(f(n))})$.

✓ × • Es gilt $\text{P} \neq \text{NP}$ oder $\text{NP} \neq \text{EXP}$.

✓ × • Für jede Funktion $f\colon \mathbb{N} \to \mathbb{N}$ gilt: $f \in o(f)$.

✓ × • $t_1 \in o(t_2)$ gdw. $\lim_{n\to\infty} \frac{t_1(n)}{t_2(n)} < 1$

✓ × • Sei $s\colon \mathbb{N} \to \mathbb{N}$ raumkonstruierbar und $s' \in O(s)$. Es gilt $\text{SPACE}(s') \subsetneq \text{SPACE}(s)$.

Weiterführende Literatur

- Einführungsbeispiel (Sipser, 2012, S.275)
- (Nicht-)deterministische Zeit- und Platzklassen
  - (Papadimitriou, 1993, S.141–142)
  - (Sipser, 2012, S.276–281)
- Beziehungen
  - (Papadimitriou, 1993, S.147–148)

- (Sipser, 2012, S.282–284)

- Satz von Savitch
  - (Papadimitriou, 1993, S.149–151)
  - (Sipser, 2012, S.333–335)
- Hierarchiesätze
  - (Papadimitriou, 1993, S.145)
  - (Sipser, 2012, S.364–371)

Lösungen zu Kapitel 1

Lösung zu Aufgabe 3 von Seite 23

Wofür stehen die beiden Faktoren n und $\log(n)$? n ist Eingabe lesen und $\log(n)$ Anzahl der Durchgänge. Die Grundidee ist daher: Anzahl der Nullen und Einsen in jedem Durchgang halbieren. Anschließend Summe von Nullen und Einsen überprüfen. Ist diese ungerade, so ablehnen. Betrachten wir nun ein paar Beispiele:

000111 $\rightarrow$ 0#01#1 $\rightarrow$ 0##1## $\rightarrow$ akzeptieren

00111 $\rightarrow$ ablehnen, da ungerade

00011111 $\rightarrow$ 0#01#1#1 $\rightarrow$ ablehnen, da Summe ungerade

Die Beschreibung der Turingmaschine lautet:

$O(1)$ (1) Prüfe, ob Eingabe nur aus □ besteht. Wenn ja, akzeptieren.

$O(n)$ (2) Prüfe, ob Eingabe w die Form 0^+1^+ hat und $|w|$ gerade ist. Wenn nicht, ablehnen.

(3) Überprüfe, ob Summe von nun vorhandenen Nullen und Einsen
$O(n)$ gerade ist. Wenn nicht, ablehnen.

(4) Lösche jede Null auf gerader Stelle und jede Eins auf gerader
$O(n)$ Stelle. (Realisiere Löschen per Überschreibung mit Zeichen #, welches bei Berechnung der Stellenparität irrelevant ist.)

(5) Wiederhole Schritt (3) und (4), bis auf der Eingabe nur noch
$O(n)$ eine Null/Eins vorhanden ist. Wenn ja, überprüfe, ob nur noch eine Eins/Null vorhanden ist. Wenn ja, akzeptieren. Sonst, ablehnen.

Laufzeitbetrachtung: Die Anzahl der Einsen und Nullen wird in jedem Durchlauf halbiert, also benötigt man $\log_2(n)$ Durchläufe, bis die Eingabe komplett mit # beschrieben ist. Ein Schleifendurchlauf hat die Laufzeit $O(n)$. Also haben wir insgesamt $O(n) \cdot O(\log(n)) + O(n) = O(n \cdot \log(n))$.

Bemerkungen zur Korrektheit der Maschine: Betrachtet man das Verhalten des Bandinhalts w von einem Durchlauf zum nächsten w', so gibt es drei Fälle zu unterscheiden:

a) $w \in A \rightsquigarrow w' \in A$: Beginnend mit $0^x 1^x$ halbiert man die Anzahl der Einsen und Nullen. War die Anzahl vorher gleich, so ist sie es jetzt noch, da bei beiden gleich viel gelöscht wird.

b) $w \notin A \wedge |w|_1 + |w|_0 \equiv 0 \pmod 2) \rightsquigarrow w' \notin A$: Bei w unterscheidet sich die Anzahl der Einsen und Nullen um mindestens zwei. Also unterscheidet sich die Anzahl der Einsen und Nullen von w' um mindestens eins. Also gilt $w' \notin A$.

c) $w \notin A \wedge |w|_1 + |w|_0 \equiv 1 \pmod 2)$: Abbruch, da hierbei trivialerweise die Gleichheit von Nullen und Einsen ausgeschlossen werden kann.

Die Berechnung der TM terminiert, da die Wortlänge in jedem Durchlauf echt kleiner wird (sich halbiert) und immer einer der drei Fälle gilt bis akzeptiert wird (oder in den letzten beiden Fällen abgelehnt wurde). ◀

Lösung zu Aufgabe 4 von Seite 24

a) Ja, da $\underbrace{2n}_{f(n)} \in \underbrace{O(n)}_{g(n)}$ somit folgt: $2n \leq c \cdot n \Leftrightarrow 2 \leq c$.

b) Nein, da $n^2 \leq c \cdot n \Leftrightarrow n \leq c$ und dies gilt nicht.

c) Ja, da

$$\log_2(n) \leq c \cdot \log_k(n) \Leftrightarrow \log_2(n) \leq c \cdot \frac{\log_2(n)}{\log_2(k)} \Leftrightarrow \log_2(k) \leq c.$$

d) Ja, da für $n_0 = 1$: $n \log_2(n) \leq c \cdot n^2 \Leftrightarrow \frac{\log_2(n)}{n} \leq 1 \leq c$.

e) Ja, da $3^n \leq 2^{c \cdot n} \Leftrightarrow \left(\frac{3}{2^c}\right)^n \leq 1$, also $c \geq 2$.

f) Ja, da $(2^n)^3 = 2^{3n}$ und $3n \leq cn \Leftrightarrow 3 \leq c$.

g) Nein, da $n^3 \leq cn \Leftrightarrow n^2 \leq c$ und dies gilt nicht.

h) Nein. Die Richtung $O(3^n) \nsubseteq O(2^n)$ gilt nicht, da für die Funktion $3^n \in O(3^n)$ gilt $3^n \notin O(2^n)$:

$$3^n \leq c2^n \Leftrightarrow 1.5^n \leq c \Leftrightarrow n \leq \frac{\log(c)}{\log(1.5)}$$

und dies nicht gilt.

i) Ja, da für $n_0 \geq 1$

$$O(n^2) + O(n) \mathrel{\widehat{=}} cn^2 + dn \leq (c+d) \cdot n^2 \mathrel{\widehat{=}} O(n^2).$$

j) Nein, sei $f(n) = n$, also $f(n) \in O(n)$ und $g(n) = 0$, also $g(n) \in O(n)$. Damit ist

$$f(n) - g(n) = n \in O(n) - O(n), \quad \text{aber } n \notin O(0).$$

Stichwort: Elementweise Differenz:

$$O(f(n)) - O(g(n)) \;:=\; \{h - j \mid h \in O(f(n)), j \in O(g(n))\}$$

◀

Lösung zu Aufgabe 5 von Seite 24

a) Nein, da $\lim_{n\to\infty} \frac{n}{2n} = \lim_{n\to\infty} \frac{1}{2} \neq 0$.

Guillaume de l'Hôpital

b) Ja, da $\lim_{n\to\infty} \frac{2n}{n^2} = \lim_{n\to\infty} \frac{2}{n} = 0$.

c) Ja, da $\lim_{n\to\infty} \frac{n^k}{2^n} =^* \lim_{n\to\infty} \frac{k!}{(\ln 2)^k \cdot 2^n} = 0$.

$*$: Dies ist ein unbestimmter Ausdruck $[\frac{\infty}{\infty}]$ und nach der *Regel von l'Hôpital* dürfen wir jetzt die Ableitungen von Zähler und Nenner betrachten. Dies tun wir $k \in \mathbb{N}$ mal, da k fest ist.

d) Ja, da $\lim_{n\to\infty} \frac{1}{n} = 0$.

e) Nein, da $1 + 2 + \cdots + n = \frac{n(n+1)}{2}$ und nun gilt

$$\lim_{n\to\infty} \frac{n(n+1)}{2n^2} \overset{[\frac{\infty}{\infty}]}{=} \lim_{n\to\infty} \frac{2n+1}{4n} \overset{[\frac{\infty}{\infty}]}{=} \lim_{n\to\infty} \frac{1}{2} = \frac{1}{2}.$$

◀

Lösung zu Aufgabe 7 von Seite 26

a) $A \in \text{TIME}(f(n))$, also gibt es eine DTM M, die A in Zeit $f(n)$ entscheidet. Für die Sprache $\overline{A}$ gilt folgende Beziehung zu A:

$$w \in A \Leftrightarrow w \notin \overline{A}$$

Wir konstruieren eine neue DTM M', die genau dann die Eingabe akzeptiert, wenn M sie ablehnt und die Eingabe genau dann ablehnt, wenn M sie akzeptiert. M' arbeitet genauso wie M bis zu der Stelle, wo M in einen Endzustand geht. M' geht noch nicht in einen Endzustand und schaut sich stattdessen den aktuellen Inhalt des Arbeitsbands an. Wenn dort aktuell eine 0 steht, wird diese durch eine 1 ersetzt. Und wenn dort eine 1 steht, wird diese durch eine 0 ersetzt. Anschließend geht M' in einen Endzustand.

b) Analog zu a).

◄

Lösung zu Aufgabe 10 von Seite 27

Wir stellen uns zuerst die Frage, wie $bin(x+1)$ aussieht? Sei $bin(x) = a_k a_{k-1} \dots a_1$ und sei $i \in \mathbb{N}$ so gewählt, dass $a_1 = a_2 = \dots = a_i = 1$ und $a_{i+1} = 0$, also so, dass $x = a_k a_{k-1} \dots a_{i+2} 0 \underbrace{11\dots1}_{i\text{-mal}}$.

Dann ist $bin(x+1) = a_k a_{k-1} \dots a_{i+2} 1 \underbrace{00\dots0}_{i\text{-mal}}$.

Nun gibt es einen Sonderfall zu beachten: Wenn $bin(x) = \underbrace{11\dots1}_{i\text{-mal}}$, dann ist $bin(x+1) = 1\underbrace{00\dots0}_{i\text{-mal}}$.

Beispielsweise ist nun $\overline{100010}\underline{111} + 1 = \overline{100011}\underline{000}$.

Grundidee des Algorithmus: Vergleiche die Zahlen paar- und die Ziffern stellenweise. Bei jeder Überprüfung eines Zahlenpaars speichere zwei Positionen: die Position (in den Binärdarstellungen) der aktuell zu vergleichenden Ziffer und einen Zähler für die aktuelle Position des Lesekopfes innerhalb der Zahl. Die Vergleichsposition wird (nacheinander für jedes Zahlenpaar) von 1 bis k hochgezählt und bei jedem Schritt wird die Ziffer an der Vergleichsposition der einen Zahl mit der entsprechenden Ziffer der anderen Zahl des Paares verglichen (die Positionen werden gefunden mit Hilfe des Zählers). Hierbei wird überprüft, dass die obige Bedingung mit der Folge von Einsen am Ende der kleineren Zahl und der entsprechenden Folge von Nullen am Ende der größeren Zahl übereinstimmt. Wenn kein i wie oben existiert, dann liegt der Ausnahmefall vor, der analog überprüft werden kann.

Unser Algorithmus der Turingmaschine lautet dann:

1: Teste, ob Zahlen ohne führende Nullen, sonst Abbruch.
2: **for** alle aufeinanderfolgen Binärworte $bin(x)$ und $bin(x')$ der Eingabe **do**
   /* für das erste Paar muss gelten $x = 0$ und $x' = 1$, wenn die Eingabe zu B gehört */
3: Sei $a_k \cdots a_1 := bin(x)$ und $b_\ell \cdots b_1 := bin(x')$.
4: **for** alle j von 1 bis k **do**
   /* j ist die aktuelle Vergleichsposition */
5: **if** $a_r = 1$ für alle $r \in \{1, \ldots, j\}$ **then**
   /* Einsen am Ende von x */
6: überprüfe, dass $b_j = 0$. Sonst: Verwerfen.
7: **if** $a_j = 0$ und $a_r = 1$ für alle $r \in \{1, \ldots, j-1\}$ **then**
   /* Null vor der abschließenden Folge von Einsen am Ende von x. */
8: überprüfe, dass $b_j = 1$. Sonst: Verwerfen.
9: **if** $a_r = 0$ für ein $r \in \{1, \ldots, j-1\}$ **then**
   /* Alles vor der abschließenden Einserfolge muss bei x und x' identisch sein. */
10: überprüfe, dass $a_j = b_j$. Sonst: Verwerfen.
11: **if** $x = 11\ldots1$ **then**
12: überprüfe, dass $\ell = k+1$ und $b_\ell = 1$. Sonst: Verwerfen.
13: **if** $x \neq 11\ldots1$ **then**
14: überprüfe, dass $\ell = k$. Sonst: Verwerfen.
15: **akzeptiere**

Welchen Speicherbedarf haben wir? Es bleibt zu zeigen, dass unser Verfahren in Platz $O(\log(\log(n))$ arbeitet.

- Die Schleife in Zeile 2 wird zwar n-mal durchlaufen, aber wir brauchen keinen Zähler für die Anzahl der Durchläufe, da sie einfach so lange durchlaufen wird, bis wir am Ende der Eingabe angelangt sind.

- In Zeile 4 läuft die Schleife j von 1 bis k für ein $k \leq |bin(x)| \leq |bin(n)|$. Somit ist der benötigte Speicherbedarf für j begrenzt durch $O(\log(|bin(n)|)) = O(\log(\log(n)))$.

- In 5–10 können die zu vergleichenden Positionen von $bin(x)$ und $bin(x')$ mit Hilfe eines Zählers für die Position des Eingabeband-Lesekopfes gefunden werden. Der Zähler muss bis maximal k hochzählen und kann daher ebenfalls in $O(\log(\log(n)))$ gespeichert werden.

- In 11–14 kann direkt $k = \ell$ (bzw. $k = \ell + 1$) mit Speicherbedarf $O(\log(\log(n)))$ geprüft werden.

Unsere TM löst das Problem also in SPACE($\log(\log(n))$). ◀

Lösung zu Aufgabe 11 von Seite 32

(a) $f + g$: Konstruiere M_{f+g} wie folgt:

- Simuliere M_f und markiere die letzte Bandzelle gesondert.
- Laufe zum ersten Blank rechts und Simuliere M_g dahinter. Immer, wenn M_g in eine von M_f bereits beschriebene Zelle schreiben will, verschiebe alles, was von M_g erzeugt wurde, um eins nach rechts.

(b) $f \cdot g$: Konstruiere $M_{f \cdot g}$ wie folgt:

- Simuliere M_f und markiere die erste der $f(|x|)$ Zellen gesondert.
- Schreibe beginnend beim ersten Zeichen „in“ jede markierte Zelle das durch M_g erzeugte Wort. Die jeweils i-te Version von g überschreibt immer nur die i-te Zelle des von M_f erzeugten Wortes. Dies wird mittels Verschiebung des Rests des von M_f erzeugten Wortes nach rechts gelöst.
- Stoppe, wenn das letzte von M_f erzeugte Zeichen überschrieben wurde.

(c) f^g: $f^g = \overbrace{f \cdot f \cdot \cdots \cdot f}^{g}$.

Den Sonderfall $f = 1$ kann man zu Beginn abfangen.

- Markiere $g(|x|)$ Zellen blau.
- Schreibe "in" die linkeste blaue Zelle (sofern vorhanden) $f(|x|)$ rote Zellen.
- Solange noch blaue Zellen vorhanden sind, tue folgendes:
  - Verschiebe alle roten Zellen um 1 nach rechts (und lösche damit die linkeste blaue Zelle).
  - Schreibe "in" jede rote Zelle $f(|x|)$ neue rote Zellen.

◀

Lösung zu Aufgabe 12 von Seite 33

a) Hierzu zeigt man beide Richtungen per O-Notation. Fangen wir mit $\text{TIME}(2^n) \subseteq \text{TIME}(2^{n+1})$ an. Also $2^n \in O(2^{n+1})$:

$$2^n \leq c \cdot 2 \cdot 2^n \Leftrightarrow \frac{1}{2} \leq c$$

Nun die Rückrichtung: $2^{n+1} \in O(2^n)$: $2 \cdot 2^n \leq c \cdot 2^n \Leftrightarrow 2 \leq c$.

Also gilt $\text{TIME}(2^n) = \text{TIME}(2^{n+1})$.

b) Zu zeigen ist: $\text{NTIME}(n) \subseteq \bigcup_{k \in \mathbb{N}} \text{SPACE}(n^k)$. Hierzu zeigen wir zwei Inklusionsbeziehungen.

Aus Satz 4 wissen wir, dass $\text{NTIME}(n) \subseteq \text{SPACE}(n)$ gilt.

Insgesamt folgt damit

$$\text{NTIME}(n) \subseteq \text{SPACE}(n) \subseteq \bigcup_{k \in \mathbb{N}} \text{SPACE}(n^k).$$

◀

Lösung zu Aufgabe 17 von Seite 38

a) $\text{TIME}(n \cdot \log(n)) \subseteq \text{TIME}(n^2)$.
Anwendung der O-Notation.

$$n \cdot \log_b n \leq c \cdot n^2 \Leftrightarrow \frac{n \cdot \log_b n}{n^2} \leq c \overset{\text{l'Hôpital}}{\Longrightarrow} \frac{1}{2n \cdot \ln b} \leq c.$$

b) $\text{NTIME}(n \cdot \log(n)) \subseteq \text{SPACE}(n^4)$.
Verwende $\text{NTIME}(t(n)) \subseteq \text{SPACE}(t(n))$ aus :

$$\text{NTIME}(n \cdot \log(n)) \subseteq \text{NTIME}(n^4) \subseteq \text{SPACE}(n^4)$$

und die Abschätzung von oben.

c) $\text{NSPACE}(2^{3n}) = \text{NSPACE}(2^n)$.
Wir widerlegen:

$$\text{NSPACE}(2^n) \overset{*}{\subseteq} \text{SPACE}(2^{2n}) \overset{**}{\subsetneq} \text{SPACE}(2^{3n}) \subseteq \text{NSPACE}(2^{3n})$$

*: Satz von Savitch von S. 31
**: Platzhierarchiesatz von S. 36, $2^{2n} \in o(2^{3n})$

d) Hierzu verwenden wir den Platzhierarchiesatz (Korollar 2) und damit die o-Notation. Zu zeigen ist, $2^n \in o(2^{2n})$:

$$\lim_{n\to\infty} \frac{2^n}{2^{2n}} = \lim_{n\to\infty} \left(\frac{2}{2^2}\right)^n = 0.$$

Also ist $\text{SPACE}(2^n) \subsetneq \text{SPACE}(2^{2n})$.

e) Zu zeigen ist: $\text{NTIME}(n) \subsetneq \text{PSPACE}$, also gilt $\text{NTIME}(n) \subsetneq \text{SPACE}(n^k)$ für ein $k \in \mathbb{N}$. Es gilt $\text{NTIME}(n) \subseteq \text{SPACE}(n) \subseteq \text{SPACE}(n^k)$ nach Satz 4. Zur Echtheit der Inklusion zeigen wir drei Inklusionsbeziehungen, wovon eine echt ist.

Wir wissen aus Satz 4, dass $\text{NTIME}(n) \subseteq \text{SPACE}(n)$ gilt und per Definition ist $\text{SPACE}(n^2) \subseteq \text{PSPACE}$.

Als nächstes zeigen wir $\text{SPACE}(n) \subsetneq \text{SPACE}(n^2)$ mittels des Platzhierarchiesatzes. Trivialerweise sind n und n^2 raumkonstruierbar, also bleibt zu zeigen $n \in o(n^2)$:

$$\lim_{n\to\infty} \frac{n}{n^2} = \lim_{n\to\infty} \frac{1}{n} = 0.$$

Insgesamt folgt damit

$$\text{NTIME}(n) \subseteq \text{SPACE}(n) \subsetneq \text{SPACE}(n^2) \subseteq \text{PSPACE}.$$

f) Der Platzhierarchiesatz (Korollar 2, S. 36) zeigt

$$\text{SPACE}s_1 \subsetneq \text{SPACE}s_2$$

für zwei Funktionen s_1, s_2 mit s_2 raumkonstruierbar und $s_1 \in o(s_2)$.

Wir wollen jedoch zeigen:

$$\bigcup_{k\in\mathbb{N}} \text{SPACE}(n^k) \subsetneq \text{SPACE}(2^n)$$

Der Hierarchiesatz ist hier also nicht anwendbar, da auf der linken Seite keine einzelne Funktion steht.

Wir könnten zwar für alle $k \in \mathbb{N}$ nacheinander zeigen, dass

$$\text{SPACE}(n^k) \subsetneq \text{SPACE}(2^n).$$

Dies reicht aber nicht aus, um die Behauptung für die Vereinigung zu zeigen!

Denn es gilt zwar

$$A_1 \subseteq B \text{ und } A_2 \subseteq B \Rightarrow A_1 \cup A_2 \subseteq B,$$

aber

$$A_1 \subsetneq B \text{ und } A_2 \subsetneq B \not\Rightarrow A_1 \cup A_2 \subsetneq B.$$

Man kann dieses Problem auf zwei Arten lösen:

- Für eine Vereinigung $\bigcup_{i \in I} A_i$, die eine Hierarchie bildet, lässt sich die $\subsetneq$-Beziehung über einen Induktionsbeweis zeigen. Dies wollen wir hier jedoch nicht vertiefen.
- Man sucht eine Funktion s', die eine Schranke für alle Funktionen innerhalb der Vereinigung bildet (im Sinne von $s_i \in O(s')$), und mit deren Hilfe man über den Platzhierarchiesatz die echte Teilmenge bezogen auf s_2 beweisen kann.

Wir wählen für s' die Funktion $1{,}5^n$.

Denn es gilt wegen $\forall k : n^k \in O(1{,}5^n)$, dass

$$\bigcup_{k \in \mathbb{N}} \mathrm{SPACE}(n^k) \subseteq \mathrm{SPACE}(1{,}5^n)$$

sowie wegen $1{,}5^n \in o(2^n)$, dass

$$\mathrm{SPACE}(1{,}5^n) \subsetneq \mathrm{SPACE}(2^n)$$

und damit insgesamt

$$\mathrm{PSPACE} \subsetneq \mathrm{SPACE}(2^n).$$

Die erste Teilmengenbeziehung zeigen wir über

$$\lim_{n \to \infty} \frac{n^k}{1{,}5^n} < \infty \quad \text{(l'Hôpital)}$$

und die zweite über

$$\lim_{n \to \infty} \frac{1{,}5^n}{2^n} = \left(\frac{3}{4}\right)^n = 0.$$

◀

Kurzfragen Lösungen: ✓, ✓, ✓, ×, ×, ×

Kapitel 2

Sind Turingmaschinen ein realistisches Modell für Computer?

Lernziele dieses Kapitels

① Sie verstehen `if`-Abfragen, `for`- und `while`-Schleifen sowie arithmetische Anweisungen aus Computerprogrammen durch Turingmaschinen und können sie auch darstellen.

② Sie verstehen den Begriff *polynomially related* und können ihn erklären.

Es ist die Überzeugung in der theoretischen Informatik, mit der Turingmaschine eine mathematische Präzisierung des Begriffs *Algorithmus* gefunden zu haben. Warum ist das so? Wir wollen uns in diesem Kapitel dazu klar machen, dass jeder Algorithmus auf einem Computer durch eine eigene Turingmaschine dargestellt werden kann. Jeder von Ihnen kann sicherlich einen *Simulator* einer Turingmaschine auf einem Computer programmieren. Die andere Richtung dieser Äquivalenz führt dazu, dass man eine Turingmaschine definieren muss, welche beliebige Computerprogramme umsetzen kann. Hierzu würde man im ersten Schritt wohl für jede Variable ein eigenes Band definieren. Im nächsten Schritt muss man Befehle definieren, welche die üblichen Grundrechen-Arten abbilden und schließlich dazu übergehen, sich mit Kontrollstrukturen wie `for`- und `while`-Schleifen und `if`-Abfragen zu beschäftigen.

Computerprogramme auf Turingmaschinen

Zunächst treffen wir die Vereinbarung, dass für jede Variable im gegebenen Computerprogramm P die Turingmaschine M ein eigenes Band erhält. Ohne Beschränkung der Allgemeinheit nehmen wir an, dass die Variablen in P die Bezeichnungen $x_1, \ldots, x_n$ haben. Dann gibt es für Variable x_i das Band i der Maschine M. Zuerst wollen wir uns den einfachen Fällen widmen. Wir definieren eine Maschine $M_{\mathsf{Nachfolger}}$, die auf das Band den Wert „(Band) + 1" schreibt. Sie tut dies in Binärschreibweise, d. h. sie geht davon aus, dass der vorherige Wert schon binär kodiert wurde.

$$M_{\mathsf{Nachfolger}} = (\{z_0, z_1, z_2, z_e\}, \{0,1\}, \{0,1,\Box\}, \delta, z_0, \Box, \{z_e\})$$

wobei:

$$\left.\begin{array}{lcl} z_0 0 & \to & z_0 0\mathrm{R} \\ z_0 1 & \to & z_0 1\mathrm{R} \\ z_0 \Box & \to & z_1 \Box\mathrm{L} \end{array}\right\} \text{Kopf ans rechte Eingabeende positionieren}$$

$$\left.\begin{array}{lcl} z_1 0 & \to & z_2 1\mathrm{L} \\ z_1 1 & \to & z_1 0\mathrm{L} \\ z_1 \Box & \to & z_e 1\mathrm{N} \end{array}\right\} \text{Nach links laufen bis zur ersten Null, dabei alle 1 durch 0 ersetzen. Falls keine 0 gefunden wird, links 1 anhängen und anhalten.}$$

$$\left.\begin{array}{lcl} z_2 0 & \to & z_2 0\mathrm{L} \\ z_2 1 & \to & z_2 1\mathrm{L} \\ z_2 \Box & \to & z_e \Box\mathrm{R} \end{array}\right\} \text{Kopf ans linke Eingabeende positionieren}$$

Nun kann man diese Maschine leicht so verallgemeinern, dass sie dies für ein spezielles Band i tut. Analog kann man Maschinen konstruieren, welche den Wert auf dem Band um eins verringern (hierbei wollen wir, dass $x - y = 0$ ist wenn $y > x$) sowie den Bandinhalt auf 0 setzen oder den Bandinhalt auf Band j durch den von Band i ersetzen. Außerdem ist das Addieren eines Bandes j auf ein Band i auch kein Problem.

Wieso genau wollen wir eine solche Negation? Versuchen Sie die Frage etwas später zu beantworten.

Im nächsten Schritt definieren wir eine Turingmaschine, welche zwei Maschinen M_1 und M_2 nacheinander ausführt (im Folgenden lassen wir die beiden Maschinen in Klammern dahinter weg), bezeichnet mit $M_{\mathsf{Nacheinander}}(M_1, M_2)$. Hierzu seien die gegebenen Maschinen $M_i = (Z_i, \Sigma, \Gamma_i, \delta_i, z_{0,i}, \Box, E_i)$ mit $i = 1, 2$ zwei DTMn, sodass ohne Beschränkung der Allgemeinheit gilt $Z_1 \cap Z_2 = \emptyset$. Nun definieren wir daraus die neue Turingmaschine

$$M_{\textsf{Nacheinander}} = (Z_1 \cup Z_2, \Sigma, \Gamma_1 \cup \Gamma_2, \delta, z_{0,1}, \Box, E_2),$$

wobei:

$$\delta(z,a) = \begin{cases} \delta_1(z,a), & \text{falls } z \in Z_1 \setminus E_1 \text{ und } a \in \Gamma_1 \\ \delta_2(z,a), & \text{falls } z \in Z_2 \text{ und } a \in \Gamma_2 \\ (z_{0,2}, a, \mathrm{N}), & \text{falls } z \in E_1 \text{ und } a \in \Gamma_1 \end{cases}$$

Damit können wir nun Konstanten addieren und subtrahieren, da wir diese Maschine mehrfach definieren können. Jetzt kommen wir zu dem Punkt, an dem wir Schleifen definieren wollen. Sei es um die Rechenarten Multiplikation und Division zu erhalten oder um generelle `if`-Abfragen zu ermöglichen. Die folgende Maschine prüft, ob das Band den Wert 0 hat:

TM für `if Band` $i = 0$ `then Zustand ''ja'' else Zustand ''nein'' end`

$$M_{\textsf{Band = 0?}} = (\{z_0, z_1, \text{ja}, \text{nein}\}, \Sigma, \Gamma, \delta, z_0, \Box, \{\text{ja}, \text{nein}\})$$

mit $\Sigma \supseteq \{0,1\}$, $\Gamma \supseteq \{0,1,\Box\}$ und für die Überführungsfunktion δ gilt:

$$\begin{aligned} \delta(z_0, a) &= (\text{nein}, a, \mathrm{N}) \text{ für } a \in \Gamma \setminus \{0\} \\ \delta(z_0, 0) &= (z_1, 0, \mathrm{R}) \\ \delta(z_1, \Box) &= (\text{ja}, \Box, \mathrm{L}) \\ \delta(z_1, a) &= (\text{nein}, a, \mathrm{L}) \text{ für } a \in \Gamma \setminus \{0\} \end{aligned}$$

Auch diese Maschine kann leicht so angepasst werden, dass stattdessen ein spezielles Band i auf 0-Gleichheit geprüft wird.

Sei nun M eine beliebige Turingmaschine. „WHILE Band $i \neq 0$ DO M“ bezeichnet dann die Turingmaschine

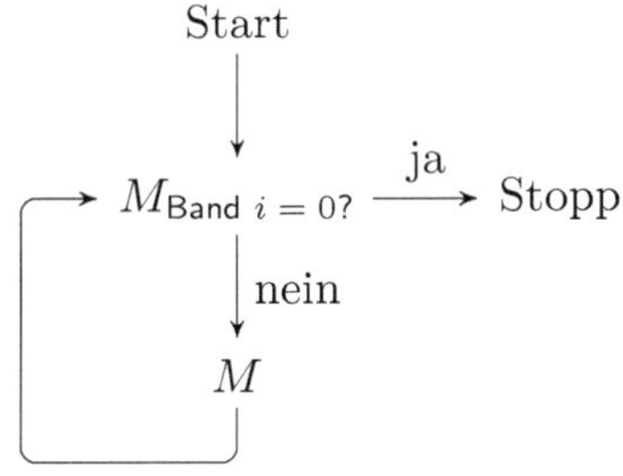

Nun wollen wir diese Maschine $M_{\textsf{while Band } i \neq 0}(M)$ formal definieren. Sei hierzu $M = (Z, \Sigma, \Gamma, \delta, z_0, \square, E)$ gegeben und $M_{\textsf{Band } i = 0?} = (Z_B, \Sigma_B, \Gamma_B, \delta_B, z_0^B, \square, E_B)$ die Maschine, die in Zustand „ja“ wechselt, wenn Band i den Wert 0 hat und sonst in Zustand „nein“ wechselt. Wie üblich nehmen wir o.B.d.A. an, dass $Z_B \cap Z$, sowie $\Gamma \cap \Gamma_B$ leer sind. Die folgende Maschine ist eine n-Band Maschine. Sei

$$M_{\textsf{while Band } i \neq 0}(M) = (Z_B \cup Z, \Sigma \cup \Sigma_B, \Gamma \cup \Gamma_B, \delta', z_0', \square, \{\text{ja}\}),$$

wobei

$$\delta'(z, a_1 \dots a_n) = \begin{cases} (z_0^B, a_1 \dots a_n, N) & \text{, falls } z = z_0', \\ \delta_B(z, a_1 \dots a_n, N) & \text{, falls } z \in Z_B, \\ (z_0, a_1 \dots a_n, N) & \text{, falls } z = \text{nein}, \\ \delta(z, a_1 \dots a_n, N) & \text{, falls } z \in Z, \\ (z_0^B, a_1 \dots a_n, N) & \text{, falls } z \in E, \end{cases}$$

und $a_i \in \Gamma \cup \Gamma_B$.

Um jetzt beispielsweise Multiplikation von x_1 und x_2 zu realisieren, verwenden wir die folgende Turingmaschine:

TM für $x_1 \cdot x_2$

Eingabe: natürliche Zahl x_1 auf Band 1, natürliche Zahl x_2 auf Band 2

```
Setze Band 3 auf 0
while Band 1 ≠ 0 do
    Addiere Band 2 auf Band 3
    Verkleinere Band 1 um 1
```

Das Ergebnis von $x_1 \cdot x_2$ steht dann auf Band 3. Die Turingmaschine M aus dem obigen Schaubild ist dann

$$M_{\textsf{Nacheinander}}(M_{\textsf{Band 3 := Band 2 + Band 3}}, M_{\textsf{Band 1 := Band 1 - 1}}).$$

So können wir auch ganz einfach eine `if`-Abfrage der Form `if` $x_1 = x_2$ `then` M `end` bauen:

TM für `if` $x_1 = x_2$ `then` M `end`

Eingabe: natürliche Zahl x_1 auf Band 1, natürliche Zahl x_2 auf Band 2

```
Setze Band 3 auf Band 2 minus Band 1
Setze Band 4 auf Band 1 minus Band 2
Setze Band 5 auf den Wert 1
```

```
while Band 3 ≠ 0 do
    Setze Band 5 auf 0
while Band 4 ≠ 0 do
    Setze Band 5 auf 0
while Band 5 ≠ 0 do
    Führe M aus
    Verkleinere Band 5 um 1
```

Andere Kontrollstrukturen wie `for`-Schleifen oder `GOTO`-Sprünge sind nun für uns ein leichtes Unterfangen. Wir haben gesehen, dass wir für jedes Computerprogramm, das man schreiben kann, genauso gut eine Turingmaschine angeben könnte. Die natürlich in gewissem Rahmen doch recht umständlich die Anweisungen und Berechnungen umsetzt. Allerdings ist sie von der *Mächtigkeit* her gleichwertig. Für jedes Programm gibt es immer eine Turingmaschine, die dieses Programm simuliert. Da die umgekehrte Richtung schon vorher von uns verstanden worden ist, kommen wir zu dem Entschluss, dass Turingmaschinen das richtige Mittel der Wahl sind und daher mit Computern gleichzusetzen sind.

Allerdings gibt es einen kleinen Punkt, den wir nicht vernachlässigen dürfen. Betrachten wir die Vergleichbarkeit von Turingmaschinen und Programmen in Bezug auf Laufzeit oder Speicherbedarf (also im Sinne unserer im vorherigen Kapitel gefundenen Definitionen von TIME und SPACE), dann sehen wir, dass diese Begriffe nicht identisch sind. Auf Grund der Bänder-Struktur von Turingmaschinen benötigen wir immer etwas mehr Laufzeit für unsere Programme, da wir *Zeit verlieren*, wenn sich der Kopf auf dem Band hin- und herbewegt. Insgesamt tritt dieser Laufzeitverlust in Form eines Polynoms zu Tage, wie man zeigen kann. Aus diesem Grund verwendet man häufig den Begriff *polynomially related* oder auf deutsch *polynomiell verknüpft*. Das heißt, die Laufzeit eines gewöhnlichen Computerprogramms in Bezug auf die sozusagen Turingmaschinen-Repräsentation führt zu einem polynomiellen Laufzeitanstieg.

Dieser Laufzeitanstieg kann natürlich in manchen Fällen relevant sein. Allerdings werden wir in den kommenden Kapiteln unseren Fokus auf die Klassen NTIME($n^{O(1)}$), sowie TIME($n^{O(1)}$) legen. Aus diesem Grund ist ein solcher Anstieg natürlich nicht mehr relevant, da ein Polynom angewendet auf ein Polynom wieder zu einem Polynom führt.

Wir haben gesehen, dass unsere Algorithmen nicht mit negativen Zahlen arbeiten und nur auf den natürlichen Zahlen aus $\mathbb{N}$ operieren. Der Grund ist jedoch lediglich ein Darstellungsgrund. Wie Sie vermutlich aus Vorlesungen über technische Informatik wissen, gibt es natürlich Repräsentationen von negativen Zahlen durch Binärzahlen. Wenn Ihnen dies nicht bekannt sein sollte, dann denken Sie über eine geeignete Kodierung nach. Im Endeffekt werden die von uns oben angegebenen Maschinen also lediglich etwas länglicher, aber an unserer Aussage ändert sich nichts. Dies kann man dann wiederum auf andere Arten von Zahlen übertragen, was dann mal wieder nur eine Repräsentationsfrage wird. Aus diesen Punkten reicht uns das Arbeiten mit den natürlichen Zahlen vollständig aus. Merken Sie sich jedoch, dass unsere Aussagen sich dann beliebig auf andere Zahlenbereiche erweitern lassen.

Übungsaufgabe 19. Formulieren Sie eine Turingmaschine im obigen algorithmischen Sinne für die Kontrollstruktur: `for` $x_i = 1$ `to` n `do` M `end`. ◀

Übungsaufgabe[L] 20. Formulieren Sie eine Turingmaschine im obigen algorithmischen Sinne für die Kontrollstruktur: `if` $x_i = 0$ `then` M `end`. ◀

Übungsaufgabe 21. Geben Sie die algorithmische Repräsentation der Turingmaschine an, die Ω berechnet wie aus Aufgabe 1 von Seite 20. ◀

Was haben wir in diesem Kapitel gesehen?

Wir haben jetzt gesehen, dass Turingmaschinen eine sinnvolle Wahl sind, wenn man Computerprogramme darstellen will. Hierbei haben wir alle gängigen Kontrollstrukturen durch Turingmaschinen abgebildet. Außerdem haben wir gesehen, dass bei dieser Abbildung die Laufzeit etwas in Mitleidenschaft gezogen wird. Der Begriff der polynomiellen Verknüpfung drückt diesen Sachverhalt aus.

Welche Aussagen sind richtig, welche falsch?

- Die in diesem Kapitel betrachteten Algorithmen rechnen auch mit negativen Zahlen. ✓ ×
- Das Verwenden von Pseudocode statt Turingmaschinen ändert nichts an der Laufzeit. ✓ ×
- Das Verwenden von Pseudocode statt Turingmaschinen ändert nichts an der Laufzeit, wenn wir über Polynomial-Laufzeit sprechen. ✓ ×
- Für jedes Pseudocode Programm gibt es eine Turingmaschine. ✓ ×
- Für jede Turingmaschine gibt es ein Programm in Pseudocode. ✓ ×

Weiterführende Literatur

- Übersetzungen von Programmen in Turingmaschinen aus (Wagner, 2003, Kapitel 2.2)

Lösungen zu Kapitel 2

Lösung zu Aufgabe 20 von Seite 56

Wir verwenden hierbei die Maschine `if` $x_1 = x_2$ `then` M `end` von Seite 54.

Eingabe: natürliche Zahl x_1 auf Band 1

```
Setze Band 2 auf 0
if Band 1 = Band 2 then
    Führe M aus
```

◀

Kurzfragen Lösungen: $\times$, $\times$, ✓, ✓, ✓

Kapitel 3

Effizienz – Warum P einfach besser als EXP ist

Lernziele dieses Kapitels

① Sie verstehen den Unterschied zwischen Polynomial- und Exponentialzeit.

② Sie können zeigen, dass ein gegebenes Problem in der Klasse P liegt.

③ Sie können zeigen, dass ein gegebenes Problem in der Klasse NP liegt.

④ Sie haben polynomielle Überprüfbarkeit verstanden.

In diesem Kapitel vergleichen wir die zwei wichtigsten Komplexitätsklassen in der Informatik: P und NP. Wir werden sehen, dass, von praktischer Seite betrachtet, der Unterschied zwischen beiden Klassen enorm erscheint.

3.1. Polynomialzeit – die Klasse P

Beginnen wir mit einem einfachen Beispiel. Wir möchten unterschiedlich effiziente Algorithmen bezüglich ihrer Laufzeit vergleichen. Wir geben dabei die Laufzeit durch Angabe der zur Ausführung notwendigen Prozessortakte an. Als gegebenen Rechner nehmen wir eine CPU mit einer Taktfrequenz von 10Ghz $= 10^{10}$ Operationen pro Sekunde.

In der folgenden Tabelle wird die Laufzeit durch eine mathematische Funktion $f(n)$ aufgetragen sowie deren jeweilige Anwendung auf unterschiedliche Eingabegrößen. Die Bedeutung hiervon ist, dass der Algorithmus bei Eingabelänge n genau $f(n)$ Prozessortakte benötigt.

$f(n)$	Eingabegröße $n =$ 20	30	40	50	60
n	$2 \cdot 10^{-9}$ s	$3 \cdot 10^{-9}$ s	$4 \cdot 10^{-9}$ s	$5 \cdot 10^{-9}$ s	$6 \cdot 10^{-9}$ s
n^3	$8 \cdot 10^{-7}$ s	$2.7 \cdot 10^{-6}$ s	$6.4 \cdot 10^{-6}$ s	$1.25 \cdot 10^{-5}$ s	$2.16 \cdot 10^{-5}$ s
n^5	$3.2 \cdot 10^{-4}$ s	$2.43 \cdot 10^{-3}$ s	$1.024 \cdot 10^{-2}$ s	$3.125 \cdot 10^{-2}$ s	$7.776 \cdot 10^{-2}$ s
2^n	10^{-4} s	0.1 s	110 s	31 h	3.7 a
3^n	0.35 s	5.7 h	38 a	$2 \cdot 10^6$ a	$1.3 \cdot 10^{11}$ a

Wir sehen schnell ein, dass Probleme, die Algorithmen mit polynomieller Laufzeit besitzen, auch praktisch lösbar sind. Jedoch sind Probleme, die lediglich Algorithmen mit exponentieller Laufzeit besitzen, praktisch von derzeitigen Computern unlösbar. Nun kann man schnell auf den – wie wir gleich sehen werden nicht besonders sinnvollen – Gedanken kommen, dass einfach ein Computer, der 100 mal schneller ist, unsere Probleme mit dem Exponentialzeit-Algorithmus dann lösen kann. Betrachten wir hierzu einfach eine auf eine Stunde festgehaltene Problemgröße.

$f(n)$	mit heutigem Computer	mit $100\times$ schnellerem Computer	mit $1000\times$ schnellerem Computer
n	N_1	$100N_1$	$1000N_1$
n^3	N_2	$4.64N_2$	$10N_2$
n^5	N_3	$2.5N_3$	$3.98N_3$
2^n	N_4	$N_4 + 6.64$	$N_4 + 9.97$
3^n	N_5	$N_5 + 4.19$	$N_5 + 6.29$

Aus dieser Tabelle erkennen wir, dass es also einen *qualitativen* Unterschied zwischen polynomieller und exponentieller Laufzeit gibt. Dieser Unterschied ist technologieunabhängig!

Bekannte Algorithmen mit polynomieller Laufzeit sind „effizient“, da die auftretenden Polynome typischerweise einen kleinen Grad haben. Andererseits kann man viele Probleme schon trivialerweise durch vollständiges Durchsuchen des Lösungsraumes – also pures „Probieren“– mit Exponentialzeitalgorithmen lösen.

Beispiele für solche Probier-Algorithmen sind zum Beispiel:

- Suche eines kürzesten Pfades in Graphen – hier ist, wie wir gleich sehen werden, auch ein effizientes Verfahren möglich,
- Suche einer kürzesten Rundreise in Graphen – hier ist leider kein effizienter Algorithmus bekannt.

Allgemein hat sich daher die folgende Auffassung durchgesetzt:

Die Komplexitätsklasse P ist die Klasse der effizient lösbaren Probleme.

Die Klasse P ist außerdem im großen Maße maschinenunabhängig: unabhängig davon, ob wir Polynomialzeit auf

Erläutern Sie warum die ersten beiden Punkte gleich sind.

- 1-Band-TMs,
- Mehr-Band-TMs,
- Registermaschinen,
- konkreten Maschinen, ...

betrachten, führt dies stets zur gleichen Klasse von Problemen. Nun wollen wir uns ein Problem anschauen, welches in der Komplexitätsklasse P liegt.

Beispiel 9. Betrachten wir das Problem

Name: PATH

Gegeben: Ein gerichteter Graph G, Knoten s und t in G.

Frage: Gibt es einen Pfad in G von s nach t?

Zunächst einmal müssen wir das Problem als eine WorTMnge über einem geeignetem Alphabet *vernünftig* kodieren (wir suchen die Gödelisierung). Bei Zahlen müssen wir uns Gedanken über Binär- oder Dezimaldarstellung machen, Graphen stellt man in der Regel durch Adjazenzmatrizen oder -listen dar.

Achtung: Genaue Details der Kodierung sind ab jetzt uninteressant, da wir nur an einem Polynomialzeit-Algorithmus interessiert sind. Die Umrechnung zwischen verschiedener leicht variierender Kodierung ist daher immer möglich.

Also schreiben wir noch die spitzen Klammern $\langle\cdot\rangle$, um anzudeuten, dass irgendeine beliebige Kodierung verwendet wird und definieren nun das obige Problem mathematisch präzise durch

$$\text{PATH} = \left\{ \langle G, s, t \rangle \;\middle|\; \begin{array}{l} G = (V, E) \text{ ist ein gerichteter Graph, } s, t \in \\ V \text{ und es gibt einen Pfad von } s \text{ nach } t \end{array} \right\}.$$

Wir möchten nun zeigen, dass PATH $\in$ P gilt, also geben wir einen Algorithmus an und begründen anschließend, dass dieser in Polynomialzeit läuft.

```
Eingabe: G = (V, E) gerichteter Graph, Knoten s, t ∈ V
Markiere s.
while es wurde im letzten Durchlauf ein Knoten markiert do
    for jede Kante (u, v) in G mit u markiert und v unmarkiert do
        Markiere v.
if t ist markiert then
    akzeptiere
verwerfe
```

Wie sieht es mit der Laufzeit dieses Algorithmus aus? Die **while**-Schleife wird höchstens so oft durchlaufen, wie G Knoten hat. Die **for**-Schleife durchläuft abhängig von der Kantenzahl, jedoch nur abhängig von unmarkierten Knoten. Die übrigen Anweisungen benötigen einen Schritt. Insgesamt haben wir also eine Laufzeit von $O(n \cdot m)$ für Knotenanzahl n und Kantenanzahl m. Abhängig von der Eingabelänge $|G| + |s| + |t|$ ist dies polynomiell. ◀

Nun wollen wir uns noch ein weiteres Beispiel anschauen. In diesem Beispiel geht es um die Erfüllbarkeit aussagenlogischer Formeln. Den formalen Unterbau hierfür finden Sie im Anhang über Aussagenlogik auf S. 171.

Melven R. Krom

Beispiel 10. Betrachten wir das Problem

$$\text{Krom-SAT} = \left\{ \langle\varphi\rangle \,\middle|\, \begin{array}{l} \varphi \text{ ist eine aussagenlogische und erfüllbare} \\ \text{Formel in 2KNF} \end{array} \right\}.$$

Wir wollen im Folgenden zeigen, dass das Problem in P liegt.

Hierzu sei φ eine aussagenlogische Formel in 2KNF über den Variablen $x_1, \ldots, x_n$. Die Formel hat also die Form $\varphi = \bigwedge_{i=1}^{m}(l_{i1} \vee l_{i2})$, wobei $m \in \mathbb{N}$ und l_{ij} für $1 \leq i \leq m$ und $j = 1, 2$ Literale sind, d.h., $l_{ij} = x_k$ oder $l_{ij} = \neg x_k$ für ein x_k und $1 \leq k \leq n$.

Wie wir aus dem vorherigen Beispiel wissen, liegt das Problem PATH in der Komplexitätsklasse P. Die Idee bei dem Algorithmus für Krom-SAT ist, dass man jede Klausel in φ in zwei verschiedene Implikationen umformen kann, da die Klausel $u \vee v$ äquivalent zu $\neg u \to v$ bzw. $\neg v \to u$ sind. Diese Implikationen drücken wir durch Kanten in einem Graphen aus. Die Kantenrelation entspricht dann der logischen Implikation von den Belegungen der Wahrheitswerte der Literale (und damit der Variablen) in φ. Folglich wählen wir als Knotenmenge in dem Graphen dann alle Variablen und ihre Negation (also alle Literale).

Gibt es nun eine Variable x in φ, sodass ein Pfad von x zu $\overline{x}$ und ein Pfad von $\overline{x}$ zu x in dem Graphen existiert, dann ist die Formel φ nicht erfüllbar.

Nun definieren wir den gerichteten Graphen $G = (V, E)$ formal wie folgt:

$$V = \{x_i, \neg x_i \mid 1 \leq i \leq n\},$$
$$E = \{(\sim l_{i1}, l_{i2}), (\sim l_{i2}, l_{i1}) \mid 1 \leq i \leq m\},$$

wobei $\sim \ell_{ij} = x$ falls $\ell_{ij} = \neg x$ und $\sim \ell_{ij} = \neg x$ falls $\ell_{ij} = x$ sonst. Der Algorithmus für Krom-SAT lautet nun

Was ist konzeptuell am Krom-SAT-Algorithmus anders als bei PATH?

Eingabe: φ in 2KNF
1: Konstruiere den gerichteten Graphen $G = (V, E)$ wie oben beschrieben.
2: **for** jede Variable x in φ **do**
3:     **if** $(G, x, \neg x) \in \mathrm{PATH}$ und $(G, \neg x, x) \in \mathrm{PATH}$ **then**
4:         **verwerfe**
5: **akzeptiere**

Die Laufzeit von dem Algorithmus ist insgesamt polynomiell, da die **for**-Schleife n-mal durchlaufen wird und die beiden Unteraufrufe des PATH-Algorithmus auch in P-Zeit gehen. Nun zur Korrektheit des Algorithmus: gilt $\varphi \notin$ Krom-SAT, dann verwirft der Algorithmus. Die Korrektheit hiervon folgt sofort aus den obigen Überlegungen und der sich hieraus ergebenden logischen Äquivalenz von einer Variable x und ihrer Negation.

Nun bleibt zu zeigen, wie wir für den akzeptieren-Fall eine valide Belegung θ konstruieren können, sodass $\theta \models \varphi$. Hierzu wählen wir ein beliebiges Literal ℓ in dem Graphen, dessen zugehörige Variable noch nicht auf wahr oder falsch gesetzt worden ist und für das $(G, \ell, \sim \ell) \notin$ PATH gilt. Setze nun $\theta(\ell) := 1$ und für alle Literale ℓ_{ij}, die über Kanten von ℓ aus erreicht werden können auch $\theta(\ell_{ij}) := 1$. Hieraus ergibt sich, dass für alle Knoten $(\sim \ell_{ij}) = 0$

gilt. Dieser Schritt ist auch wohldefiniert, da, wenn es Pfade von ℓ zu sowohl ℓ' als auch $\sim\ell'$ gäbe (für einen anderen Knoten ℓ'), es auch Pfade zu $\sim\ell$ von beiden gäbe und wir damit fälschlicherweise einen Pfad von ℓ zu $\sim\ell$ hätten. Dies folgt aus der Symmetrie der Implikation. Wir belegen nun Variablen mit Wahrheitswerten nach dem beschriebenen Schema und erreichen irgendwann den Punkt, dass alle Variablen mit Werten belegt sind in θ. Da es keine widersprüchlichen Variablen gibt, ist dies eine gültige Belegung für φ. ◀

Übungsaufgaben

Übungsaufgabe^{L} 22. Eine *Zusammenhangskomponente* (ZHK) eines ungerichteten Graphen $G = (V, E)$ (V beliebige Menge, $E \subseteq V \times V$, $(u, v) \in E$ gdw. $(v, u) \in E$) ist eine maximale Menge von Knoten $U \subseteq V$ mit der Eigenschaft, dass es zwischen je zwei Knoten aus U einen Pfad in G gibt.

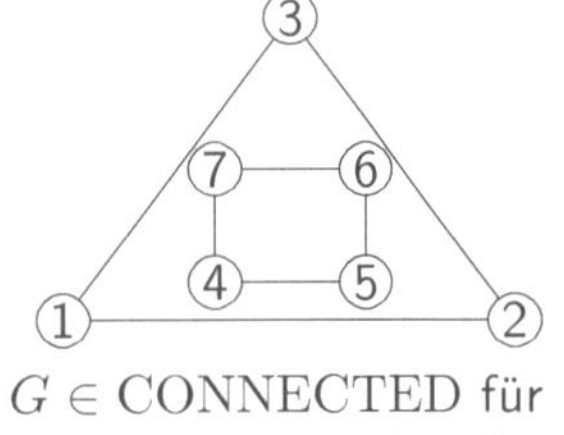

$G \in$ CONNECTED für $2 \leq k$.

Zeigen Sie, dass die Sprache

$$\text{CONNECTED} := \left\{ \langle G, k \rangle \;\middle|\; \begin{array}{l} G \text{ ist ein ungerichteter Graph} \\ \text{mit} \leq k \text{ ZHKn} \end{array} \right\}.$$

zur Klasse P gehört. ◀

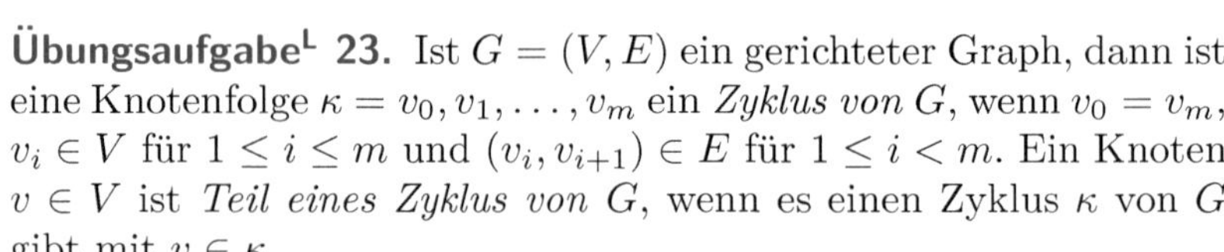

Übungsaufgabe^{L} 23. Ist $G = (V, E)$ ein gerichteter Graph, dann ist eine Knotenfolge $\kappa = v_0, v_1, \ldots, v_m$ ein *Zyklus von* G, wenn $v_0 = v_m$, $v_i \in V$ für $1 \leq i \leq m$ und $(v_i, v_{i+1}) \in E$ für $1 \leq i < m$. Ein Knoten $v \in V$ ist *Teil eines Zyklus von* G, wenn es einen Zyklus κ von G gibt mit $v \in \kappa$.

Beweisen Sie: Das Problem

$$\text{CYCLE} := \left\{ \langle G, v \rangle \;\middle|\; \begin{array}{l} G = (V, E) \text{ ist ein gerichteter Graph und} \\ v \in V \text{ ist Teil eines Zyklus von } G. \end{array} \right\}$$

liegt in der Komplexitätsklasse P. ◀

Übungsaufgabe 24. Ein ungerichteter Graph $G = (V, E)$ ist 2-färbbar, wenn jeder Knoten in V einer von zwei Farben zugeordnet ist und zwei durch eine Kante verbundene Knoten nicht gleich gefärbt sind.

Beweisen Sie: Das Problem

$$\text{2-COLORABILITY} := \left\{ \langle G \rangle \;\middle|\; \begin{array}{l} G \text{ ist ein 2-färbbarer} \\ \text{Graph} \end{array} \right\}$$

liegt in der Komplexitätsklasse P. ◀

Übungsaufgabe 25. Ein ungerichteter Graph $G = (V, E)$ ist bipartit, wenn es eine disjunkte Zerlegung $V = V_1 \dot{\cup} V_2$ gibt, sodass für alle $u_i, v_i \in V_i$ gilt $\{u_i, v_i\} \notin E$ für $i = 1, 2$.

Beweisen Sie: Das Problem

$$\text{BIPARTIT} := \{\langle G \rangle \mid G \text{ ist ein ungerichteter, bipartiter Graph}\}$$

liegt in der Komplexitätsklasse P. ◀

3.2. NP – the class of dashed hopes and idle dreams[1]

Befassen wir uns nun mit der Komplexitätsklasse, die durch nichtdeterministische Polynomialzeit-Algorithmen charakterisiert wird. Viele Probleme, für die (deterministisch) nur Exponentialzeit-Algorithmen bekannt sind, sind nichtdeterministisch in Polynomialzeit lösbar. Dies ist ein interessanter Punkt, da es unbekannt ist, ob die Klassen P und NP zusammenfallen – doch dazu später mehr.

Die Klasse NP besitzt in diesem Zusammenhang eine spannende Charakterisierung, die wir in diesem Abschnitt näher betrachten wollen. Insgesamt zeigt sich nämlich die folgende Korrelation:

$$\begin{aligned} \text{P} &= \text{effizient lösbare Probleme} \\ \text{NP} &= \text{effizient überprüfbare Probleme.} \end{aligned}$$

Doch was genau heißt *überprüfbar*? Schauen wir uns die formale Definition dieses Begriffs an.

Definition 13. Eine Sprache A ist *polynomiell-überprüfbar*, falls es einen Algorithmus V (wie englisch Verifier – Überprüfer) gibt, sodass für alle Eingaben w gilt:

Polynomielle Überprüfbarkeit

$$w \in A \text{ gdw. es gibt ein Wort } x, \text{ sodass } V \text{ auf } \langle w, x \rangle \text{ akzeptiert.}$$

Die Laufzeit von V bei Eingabe $\langle w, x \rangle$ ist dabei durch ein Polynom in $|w|$ beschränkt. ◀

[1] Zitat aus dem `ComplexityZoo`, siehe `https://complexityzoo.uwaterloo.ca/Complexity_Zoo`

Als eine übliche Sprechweise für das Wort x in der obigen Definition haben sich *Zertifikat* oder *Beweis* für w etabliert, falls V die Eingabe $\langle w, x\rangle$ akzeptiert.

Satz 11. Sprache A ist in NP gdw. A ist polynomiell-überprüfbar. ◀

Beweis Hier sind zwei Richtungen zu zeigen.

„$\Leftarrow$": Sei A polynomiell-überprüfbar via der DTM V mit der Laufzeit n^k für ein $k \in \mathbb{N}$ bei Eingaben $\langle w, x\rangle$ mit $|w| = n$. Wir definieren nun eine NTM M, die A akzeptiert und in Polynomialzeit arbeitet. Die Idee ist, dass M den Nichtdeterminismus ausnutzt, um ein Zertifikat für die Eingabe zu raten. Hier nun die Definition von M:

Eingabe: w, $|w| = n$

for $i = 1$ **to** n^k **do**
    nichtdeterministisch: setze $x_i := 0$ oder $x_i := 1$ oder verlasse for-Schleife
Simuliere V auf Eingabe $\langle w, x_1x_2x_3\dots\rangle$;
if V akzeptiert **then**
    akzeptiere
else
    verwerfe

Die Maschine ist jetzt für das Alphabet $\{0,1\}$ definiert, ansonsten würde es hier mehrere Verzweigungen geben.

„$\Rightarrow$": Sei $A = L(M)$ für eine NTM M. Die Idee zur Konstruktion eines Verifiers V ist die folgende Beobachtung: ein Zertifikat für $w \in A$ ist ein akzeptierender Pfad im Berechnungsbaum von M auf Eingabe w. Wir definieren nun einen Algorithmus V, welcher ein Zertifikat überprüft.

Eingabe: $\langle w, x = x_1x_2x_3\dots\rangle$

Simuliere M bei Eingabe w, wobei x als Beschreibung der nichtdeterministischen Wahlmöglichkeiten angesehen wird:
if $x_i = 0$ **then**
    Wähle in Schritt i die 1. nichtdeterministische Möglichkeit.
if $x_i = 1$ **then**
    Wähle in Schritt i die 2. nichtdeterministische Möglichkeit.
if Simulation dieses Pfades akzeptiert **then**

```
        akzeptiere
    else
        verwerfe
```

Auch hier gilt wieder, dass weitere Zeilen bei Verzweigungsgrad > 2 im Berechnungsbaum nötig sind. ■

Probleme in NP

Die nächsten Beispiele befassen sich intensiv mit polynomieller Überprüfbarkeit, und erläutern, wie man auf dieses Zertifikat kommt und zeigen einige typische Vertreter der Klasse NP.

Das Besondere an den Problemen in NP ist, dass es im Prinzip eine recht einfache Regel gibt, um das Zertifikat des Problems zu erkennen: suchen Sie einfach nach dem Existenz-Quantor $\exists$, der in der mathematischen Formulierung des Problems „versteckt“ ist. Es wird immer nach dem Vorhandensein einer bestimmten Sache gefragt.

Beispiel 11.

$$\text{CLIQUE} = \left\{ \langle G, k \rangle \,\middle|\, \begin{array}{l} G \text{ ist ein ungerichteter Graph, der als} \\ \text{Teilgraph den vollständigen Graphen} \\ \text{mit } k \text{ Knoten enthält} \end{array} \right\}$$

CLIQUE $\in$ NP, da polynomiell-überprüfbar via V wie folgt. Das Zertifikat ist hier die gesuchte Knoten-Teilmenge, die eine Clique ist.

Clique der Größe 8:

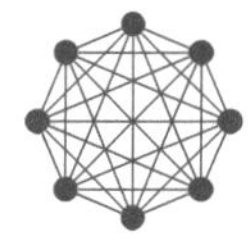

Eingabe: $G = (V, E)$ ungerichteter Graph, $k \in \mathbb{N}$, $X \subseteq V$

1: Überprüfe, ob $|X| \geq k$.
2: Überprüfe, ob je zwei Knoten in X durch Kante in G verbunden sind.
3: Falls immer ja: akzeptieren. Sonst: ablehnen.

Laufzeitabschätzung:

Schritt 1:	$O(\|G\|)$
Schritt 2:	$O(\|G\|)$
Schritt 3:	$O(1)$

Also haben wir einen deterministischen Polynomialzeit-Algorithmus. ◀

Beispiel 12. Ein Hamilton'scher Pfad in einem Graphen G ist ein Pfad, der jeden Knoten genau einmal besucht. Das zugehörige Entscheidungsproblem ist

$$\text{HAMPATH} = \left\{ \langle G, s, t \rangle \;\middle|\; \begin{array}{l} G \text{ ist ein gerichteter Graph, der einen} \\ \text{Hamilton'schen Pfad von } s \text{ nach } t \text{ be-} \\ \text{sitzt} \end{array} \right\}$$

HAMPATH $\in$ NP, da polynomiell-überprüfbar. Hier wird nach der Existenz eines Hamilton'schen Pfads gefragt – und genau dieser ist das Zertifikat.

Eingabe: Gericht. Graph $G = (V, E)$, Knoten $s, t \in V$, Pfad X
1: Überprüfe, ob X einen Pfad in G von s nach t kodiert, der jeden Knoten in G genau einmal enthält.
2: Falls ja: akzeptieren. Sonst: ablehnen.

William Rowan Hamilton

Um die Kodierung eines Pfades zu prüfen, müssen wir sicherstellen, dass der Pfad genau die Knoten aus G enthält (Linearzeit) und zwischen jedem aufeinander folgenden Knotenpaar eine Kante in G vorhanden ist (Linearzeit). ◀

Für das folgende Problem stellen Sie sich vor, Sie stünden an einem Fahrkarten-Automaten, der kein Rückgeld gibt. Da Sie kein Geld verschwenden möchten, wollen Sie sich eine Fahrkarte nur dann kaufen, wenn Sie die Summe exakt treffen. Die x_i vom Problem sind die Münzen und Scheine in ihrer Geldbörse, wohingegen t der Preis der Fahrkarte ist. Das heißt, Sie suchen also eine Teilmenge der Elemente aus ihrem Portemonnaie, sodass die Summe dieser Elemente genau t ergibt.

Beispiel 13.

$$\text{SUBSET-SUM} = \left\{ \langle x_1, \ldots, x_n, t \rangle \;\middle|\; \begin{array}{l} x_1, \ldots, x_n, t \in \mathbb{N} \text{ und} \\ \text{es existiert eine Teilmen-} \\ \text{ge } I \subseteq \{1, \ldots, n\} \text{ mit} \\ \sum_{i \in I} x_i = t \end{array} \right\}$$

Geben Sie die Laufzeitabschätzung vom Algorithmus an.

Diesmal fällt es nicht so schwer, das Zertifikat zu erkennen: Es ist die Teilmenge I. Der deterministische Polyonmialzeit-Überprüfungsalgorithmus sieht dann wieder sehr ähnlich wie vorher aus:

Eingabe: Liste von natürlichen Zahlen $x_1, \dots, x_n$ natürliche Zahl t, Menge $I \subseteq \{1, \dots, n\}$

Prüfe, dass $|I| \leq n$ gilt.
Prüfe, dass nur Indizes aus $\{1, \dots, n\}$ in I auftauchen.
Berechne $\sum_{i \in I} x_i$ und teste, ob sie gleich t ist.
Falls immer ja: akzeptieren. Sonst: ablehnen.

Insgesamt also ein Polynomialzeit-Algorithmus. ◀

Übungsaufgaben

Übungsaufgabe^L 26. Zwei ungerichtete Graphen $G_1 = (V_1, E_1)$ sowie $G_2 = (V_2, E_2)$ heißen zueinander *isomorph*, wenn die Knoten von G_1 so umbenannt werden können, dass G_2 entsteht.

Formal bedeutet dies: G_1 und G_2 heißen genau dann zueinander isomorph, wenn es eine bijektive Abbildung $f\colon V_1 \to V_2$ gibt, sodass für alle $u, v \in V_1$ gilt

$$(u, v) \in E_1 \Leftrightarrow (f(u), f(v)) \in E_2.$$

Es sei

$$\mathrm{GI} := \left\{ \langle G, H \rangle \;\middle|\; \begin{array}{l} G \text{ und } H \text{ sind zueinander isomorphe} \\ \text{ungerichtete Graphen} \end{array} \right\}.$$

Zeigen Sie, dass GI $\in$ NP gilt. ◀

Übungsaufgabe^L 27. Es sei ⋆

$$\mathrm{NTMACC} := \left\{ \langle M, x, 1^t \rangle \;\middle|\; \begin{array}{l} t \in \mathbb{N} \text{ und } M \text{ ist eine NTM, die die} \\ \text{Eingabe } x \text{ in höchstens } t \text{ Schritten} \\ \text{akzeptiert} \end{array} \right\}.$$

Zeigen Sie, dass NTMACC $\in$ NP gilt. ◀

Übungsaufgabe 28. Ein ungerichteter Graph $G = (V, E)$ heißt *k-färbbar* für $k \in \mathbb{N}$, falls seine Knoten so mit k zur Verfügung stehenden Farben markiert werden können, dass keine benachbarten Knoten dieselbe Farbe tragen. Formal definiert bedeutet das: Für $k \in \mathbb{N}$ heißt G genau dann k-färbbar, wenn es eine Abbildung $f\colon V \to \{1, 2, \dots, k\}$ gibt mit $f(u) \neq f(v)$ für alle $(u, v) \in E$.

Es sei

$$\text{COLORABILITY} := \left\{ \langle G, k \rangle \,\middle|\, \begin{array}{l} k \in \mathbb{N} \text{ und } G \text{ ist ein } k\text{-färbbarer} \\ \text{ungerichteter Graph} \end{array} \right\}.$$

Zeigen Sie, dass COLORABILITY $\in$ NP gilt. ◀

Übungsaufgabe 29. Es sei

$$\text{DOUBLE-SAT} := \left\{ \langle \varphi \rangle \,\middle|\, \begin{array}{l} \varphi \text{ ist eine aussagenlogische Formel,} \\ \text{die mindestens zwei erfüllende Bele-} \\ \text{gungen besitzt} \end{array} \right\}.$$

Zeigen Sie, dass DOUBLE-SAT $\in$ NP gilt. ◀

3.3. Die größte Frage der Informatik: Das P-NP-Problem

Stephen A. Cook

Leonid Levin

Bei allen obigen Problemen ist nicht bekannt, ob sie Polynomialzeit-Algorithmen besitzen. Andererseits kennt man kein Problem in NP, von dem man weiß, dass es keinen Polynomialzeit-Algorithmus gibt. Die große Frage ist daher, ob P $=$ NP gilt, also ob beide Klassen gleich sind. Dies kann man noch ein wenig prägnanter formulieren: Ist jedes effizient überprüfbare Problem auch effizient lösbar? Diese Frage ist offen seit 1971, als Stephen A. Cook in seinem Paper *The complexity of theorem-proving procedures* den ersten Schritt in diesem Bereich gemacht hat (parallel hierzu unabhängig hinter dem eisernen Vorhang hat dies Leonid Levin 1973 auch getan).

Bekannt hierbei ist der folgende bemerkenswerte Zusammenhang. Die folgenden Aussagen sind alle äquivalent:

- CLIQUE $\in$ P.
- HAMPATH $\in$ P .
- SUBSET-SUM $\in$ P.
- SAT $\in$ P.
- P $=$ NP.

Die Probleme CLIQUE, HAMPATH, SUBSET-SUM und SAT sind also in gewissem Sinne *schwierigste Probleme* in der Klasse NP: sind sie effizient lösbar, so gibt es auch effiziente Algorithmen für alle anderen Probleme in NP.

Das folgende Schaubild zeigt beide Möglichkeiten in einer Teilmengendarstellung.

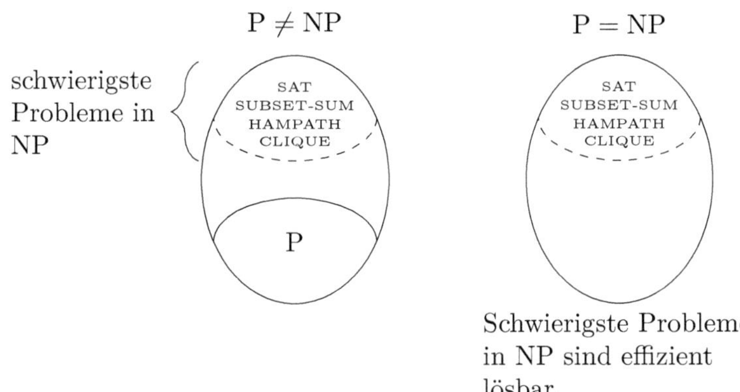

Schwierigste Probleme in NP sind effizient lösbar.

Was haben wir in diesem Kapitel gesehen?

Diesmal haben wir uns mit dem Begriff der Effizienz beschäftigt. Wie dramatisch ist der Unterschied zwischen exponentieller und polynomieller Laufzeit? Wir haben gesehen, dass Exponentialzeit-Algorithmen praktisch nicht genutzt werden können, da selbst ein 1000 mal schnellerer Computer die Probleme nicht in annehmbarer Zeit lösen kann. Anschließend konstruierten wir P-Algorithmen für die Suche nach kürzesten Pfaden in Graphen, um 2KNF-Formeln effizient auf Erfüllbarkeit zu testen.

Im nächsten Abschnitt haben wir uns dann mit der Klasse NP befasst und die Charakterisierung dieser Klasse über polynomielle Überprüfbarkeit bewiesen sowie anschließend mehrfach angewendet, um zu zeigen, dass ein Problem in NP liegt. Danach haben wir das P-NP-Problem kennen gelernt.

Welche Aussagen sind richtig, welche falsch?

✓ × • Es gilt $\varphi \notin \mathrm{SAT}$ gdw. $\neg\varphi \in \mathrm{SAT}$.

✓ × • Es gilt $\mathrm{SAT} \in \mathrm{EXP}$.

✓ × • Exponentialzeit-Algorithmen können für ein $x \in \mathbb{N}$ durch einen x-fach schnelleren Computer extrem profitieren.

✓ × • Es gilt $\varphi \notin \mathrm{SAT}$ gdw. $\neg\varphi \in \mathrm{TAUT}$.

Weiterführende Literatur

- Die Klasse P
  - (Sipser, 2012, S.284–288)
  - (Hopcroft, Motwani & Ullman, 2002, S.424–429)
  - (Garey & Johnson, 1979, S.23–27)
  - (Ausiello et al., 1999, S.10–11)
- Die Klasse NP
  - (Sipser, 2012, S.292–297)
  - (Hopcroft et al., 2002, S.429–430)

  - (Garey & Johnson, 1979, S.27–32)
  - (Ausiello et al., 1999, S.11–17)
- P-NP-Problem
  - (Sipser, 2012, S.297–298)
  - (Garey & Johnson, 1979, S.23–34)

Lösungen zu Kapitel 3

Lösung zu Aufgabe 22 von Seite 64

Folgende DTM M entscheidet die Sprache CONNECTED:

Eingabe: $G := (V, E)$ ein ungerichteter Graph mit Knotenmenge V, Kantenmenge $E \subseteq V \times V$, $k \in \mathbb{N}$

1: $i := 0$
2: **while** es gibt unmarkierte Knoten **do**
3:     $i := i + 1$
4:     Wähle einen unmarkierten Knoten $v \in V$ und markiere ihn grün.
5:     **while** es gibt Kanten $(u, v) \in E$ mit u ist markiert **do**
6:         markiere v grün
7: **if** $i \leq k$ **then**
8:     **akzeptiere**
9: **verwerfe**

Laufzeitbetrachtung:
2: $O(|V|)$
4: $O(|V|)$
5: (innere Schleife) $O(|E|)$
Insgesamt also $O(|V| \cdot (|V| + |E|))$. Damit gilt CONNECTED $\in$ P.

◀

Lösung zu Aufgabe 23 von Seite 64

Der folgende P-Algorithmus entscheidet CYCLE.

Eingabe: Graph $G = (V, E)$, Knoten v.

1: Markiere v mit 0
2: **for** $1 \leq i \leq |V|$ **do**
3:     **for** alle $u \in V$ markiert mit $i - 1$ **do**
4:         **for** alle $w \in V$ mit $(u, w) \in E$ **do**
5:             **if** $w = v$ **then**
6:                 **akzeptiere**
7:             Markiere w mit i
8: **verwerfe**

Laufzeitbetrachtung:
2: $O(|V|)$

3: $O(|V|)$
4: $O(|V| \cdot |E|)$
Insgesamt also $O(|V| \cdot |V| \cdot (|V| \cdot |E|))$ und damit in P. ◄

Lösung zu Aufgabe 26 von Seite 69

Gegeben sind die beiden Graphen $G = (V, E)$ und $G' = (V', E')$, die zueinander isomorph via der angegebenen Abbildungsfunktion sind.

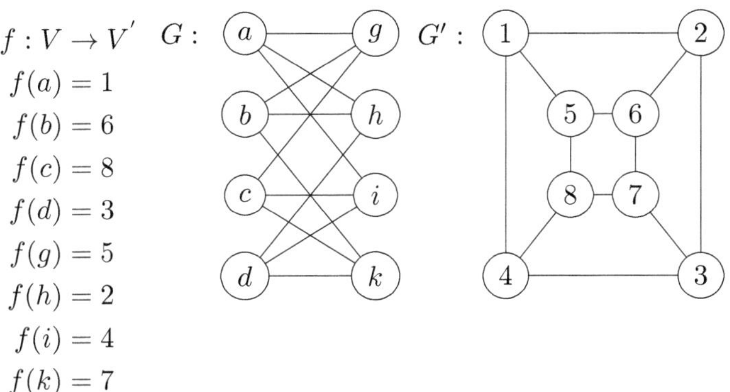

Vorgehensweise: Wie zeigt man, dass eine Sprache in NP ist? Wir müssen einen Algorithmus angeben, der die Sprache bei gegebenem Zertifikat polynomiell überprüft (nach Satz 11). In unserem Fall ist das Zertifikat die bijektive Funktion, welche die Knoten des ersten Graphen auf den zweiten Graphen abbildet: $f\colon V_1 \to V_2$.

Der folgende Pseudocode beschreibt die Funktionsweise der TM, die GI überprüft:

Eingabe: $G_1 = (V_1, E_1), G_2 = (V_2, E_2)$ unger. Graphen und Abbildung $f\colon V_1 \to V_2$

if $|V_1| \neq |V_2|$ or $|E_1| \neq |E_2|$ **then**
  verwerfe
Seien $M_{G_1} = (a_{i,j})$ und $M_{G_2} = (b_{i,j})$ die Matrizen für E_1 und E_2.
for jede Zelle $a_{i,j}$ aus M_{G_1} **do**
  if $a_{i,j} == b_{f(i),f(j)}$ und $b_{f(i),f(j)}$ unmarkiert **then**
    markiere $b_{f(i),f(j)}$.

```
7:     else
8:         verwerfe
9: akzeptiere
```

Zeile 1 hat eine Laufzeit von $O(|V|^2)$.

Zeile 4 umfasst $|V|^2$ Vergleiche. Da die Matrizeneinträge jeweils einzeln und zeilenweise nacheinander auf dem Band der TM stehen, benötigen wir eine Laufzeit bei den Vergleichen von $O(|V|^{2^2}) = O(|V|^4)$.

Der Verifikations-Algorithmus arbeitet in polynomieller Zeit abhängig von der ursprünglichen Eingabegröße und er ist deterministisch, also gilt GI $\in$ NP. ◄

Lösung zu Aufgabe 27 von Seite 69

Idee: Was ist das Zertifikat? Ein Berechnungspfad für die NTM, der zu einer akzeptierenden Konfiguration führt. Sei M eine beliebige NTM und es gebe o.B.d.A. immer nur maximal zwei verschiedene nichtdeterministische Wahlmöglichkeiten.

Begründen Sie, weshalb wir hier nur zwei Wahlmöglichkeiten annehmen können!

Folgender Algorithmus überprüft NTMACC polynomiell:

Eingabe: NTM M, Eingabe x Folge von Einsen 1^t, Beschreibung eines Berechnungspfads $\pi \in \{0,1\}^t$

Simuliere M auf Eingabe x auf dem Pfad π für t Schritte.

Akzeptiert M, so akzeptiere. Sonst verwerfe.

Laufzeit $O(t)$ und damit polynomiell in der ursprünglichen Eingabelänge. Also gilt NTMACC $\in$ NP. ◄

Kurzfragen Lösungen: $\times, \checkmark, \times, \checkmark$.

Teil II.

NP-Vollständigkeit

xkcd — NP-Complete

Kapitel 4

Der Weg zur Vollständigkeit

Lernziele dieses Kapitels

① Sie wissen, was eine $\leq_m^{\mathrm{P}}$-Reduktion ist.

② Sie verstehen den Begriff NP-Vollständigkeit und können ihn erläutern.

③ Sie können NP-Schwere eines Problems durch eine Reduktion zeigen.

④ Sie können zeigen, dass ein gegebenes Problem NP-vollständig ist.

Im letzten Kapitel haben wir uns unter anderem mit der P-NP-Frage beschäftigt. Dort sind wir auf *schwierigste* Probleme gestoßen, ohne wirklich zu wissen, was dieses *schwierige* nun denn genau ist. Diese Lücke möchten wir nun schließen und beschäftigen uns deshalb mit dem Konzept der Reduzierbarkeit.

4.1. Reduzierbarkeit – aus Problem A wird Problem B

Eine Reduktion muss man sich wie ein Algorithmus vorstellen, der eine Eingabe in eine Ausgabe überführt.

Definition 14. Seien Σ und Δ zwei Alphabete, sodass $A \subseteq \Sigma^*, B \subseteq \Delta^*$ zwei Sprachen sind. A heißt auf B *in Polynomialzeit m-reduzierbar* (oder *in Polynomialzeit Karp-reduzierbar*, oder in dieser Vorle- $\leq_m^{\mathrm{P}}$-Reduktion

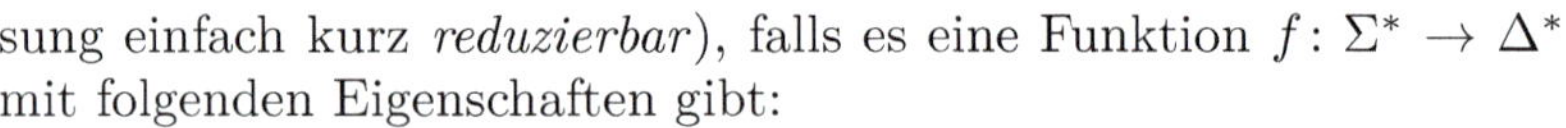
sung einfach kurz *reduzierbar*), falls es eine Funktion $f\colon \Sigma^* \to \Delta^*$ mit folgenden Eigenschaften gibt:

Richard Karp

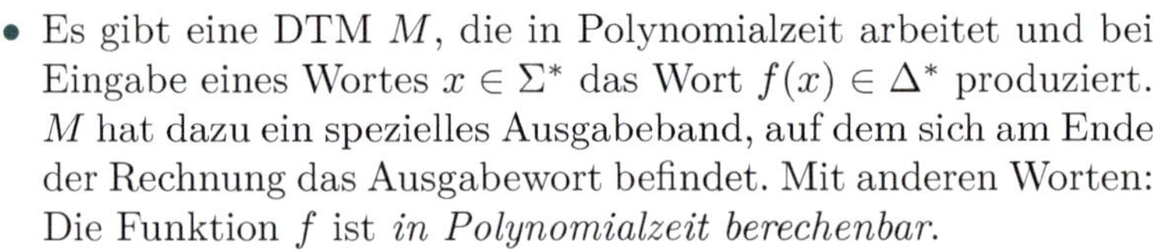

- Es gibt eine DTM M, die in Polynomialzeit arbeitet und bei Eingabe eines Wortes $x \in \Sigma^*$ das Wort $f(x) \in \Delta^*$ produziert. M hat dazu ein spezielles Ausgabeband, auf dem sich am Ende der Rechnung das Ausgabewort befindet. Mit anderen Worten: Die Funktion f ist *in Polynomialzeit berechenbar.*

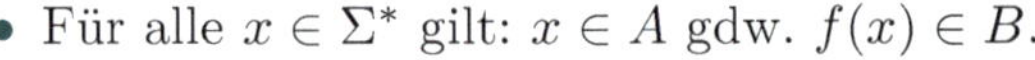

- Für alle $x \in \Sigma^*$ gilt: $x \in A$ gdw. $f(x) \in B$.

Wir nennen f auch (Polynomialzeit-)Reduktion von A auf B, in Zeichen, $A \leq_m^{\mathrm{P}} B$. ◀

Das „m" in der Bezeichnung steht für *many-one* (engl.: nicht notwendigerweise injektiv); im Gegensatz dazu steht „1" für *one-one* (engl.: injektiv; die entsprechende Reduktion $\leq_1^{\mathrm{P}}$ werden wir jedoch in der Vorlesung nicht betrachten). Das Wort *Karp* erinnert an Richard Karp, der 1972 die sehr einflussreiche Arbeit *Reducibility among combinatorial problems* zu obigen Reduktionen veröffentlichte.

Satz 12. Sei $A \leq_m^{\mathrm{P}} B$. Dann gilt:

(i) Ist $B \in \mathrm{NP}$, so ist auch $A \in \mathrm{NP}$.

(ii) Ist $B \in \mathrm{P}$, so ist auch $A \in \mathrm{P}$. ◀

TM für A

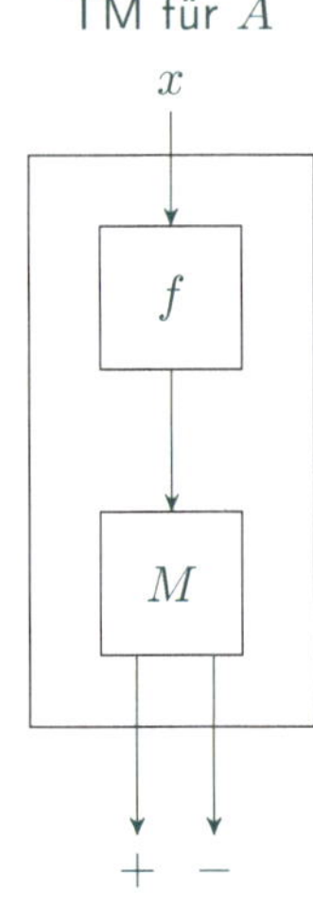

Beweis

(i) Sei $A \leq_m^{\mathrm{P}} B$ via f. Sei $B = L(M)$ die NTM M, die zeigt, dass B in NP liegt. Folgender NP-Algorithmus entscheidet nun A und läuft in nichtdeterministischer Polynomialzeit:

Eingabe: $x \in \Sigma^*$
Berechne $y = f(x)$.
Simuliere M auf Eingabe y.
Akzeptiere gdw. M akzeptiert.

Schritt 1 ist in P berechenbar. Die Simulation von M findet in NP statt, da M eine NTM ist, die in Polynomialzeit läuft. Also ist $B \in$ NP.

(ii) Analoge Vorgehensweise wie bei (i).

■

Die Karp-Reduktion hat die *üblichen Eigenschaften* einer Reduktion: Reflexivität und Transitivität.

Satz 13. $\leq_m^{\mathrm{P}}$ ist reflexiv und transitiv. ◀

Beweis Reflexivität: Es ist $A \leq_m^{\mathrm{P}} A$ vermöge der identischen Abbildungsfunktion $f(x) = x$.

Transitivität: Sei $A \leq_m^{\mathrm{P}} B$ via der Funktion f und $B \leq_m^{\mathrm{P}} C$ via g. Dann gilt, dass $A \leq_m^{\mathrm{P}} C$ via $g \circ f$. ■

Eine Reduktion kann also als eine Art von Unterprogramm-Aufruf gesehen werden. Wir haben einen Algorithmus, der für ein Problem B Berechnungen anstellt und wir möchten Problem A lösen. Wenn wir nun wissen, wie wir Eingaben von A in Eingaben von B umformulieren, sodass die jeweilige (Nicht-)Mitgliedschaft erhalten bleibt, dann können wir B nutzen, um A zu lösen und haben im schlimmsten Fall die Laufzeit von A (plus den Zeitaufwand die Funktion f zu berechnen, was in unserem Fall nur Polynomialzeit ist). Nun wollen wir uns schließlich mit der Schwere eines Problems befassen, um endlich eine passende Definition für die im letzten Kapitel gefundenen Probleme zu finden.

4.2. Vollständigkeit – das (vorerst) letzte Wort

In diesem Abschnitt beschäftigen wir uns endlich mit Vollständigkeit und betrachten damit Probleme, die in gewisser Weise ein Stück *vollkommener* als nur diese schwierigsten Probleme an sich sind (dieser Typ von Problemen spielt aber in der Definition auch eine entscheidende Rolle – keine Angst).

Rückblickend bedeutet $A \leq_m^{\mathrm{P}} B$, dass A nicht schwieriger als B ist. Um nun B als ein schwierigstes Problem in NP zu sehen, dürfen alle anderen $A \in$ NP höchstens so schwer wie B sein. Das heißt, jedes einzelne Problem aus NP muss auf B reduzierbar sein. Formal gesehen bedeutet dies das Folgende.

NP-vollständig

Definition 15.

(i) Eine Sprache B ist *NP-schwer*, falls für alle $A \in \mathrm{NP}$ gilt: $A \leq_m^{\mathrm{P}} B$.

(ii) Eine Sprache B ist *NP-vollständig*, falls B NP-schwer ist und $B \in \mathrm{NP}$. ◀

John Hopcroft

Der Begriff der NP-vollständig (engl.: NP-complete) geht auf Hopcroft, Ullman und Aho zurück, der in einer damaligen Umfrage in der Community der Theoretischen Informatik die Mehrheit unter sich vereinen konnte. Es gab allerdings auch andere Vorschläge in der Abstimmung, wie zum Beispiel *formidable*, *hard-boiled*, oder *PET* (probably oder previously/provable exponential time).

Alfred Aho

Außerdem soll es 1971 auf der Konferenz, auf der Cook sein Paper präsentierte, eine große Diskussion gegeben haben, ob NP-vollständige Probleme wirklich von einer DTM in P gelöst werden können oder nicht. Hopcroft soll die Diskussion jedoch zu einem guten Ende gebracht haben, indem die Frage später gelöst werden solle, da niemand zu dem Zeitpunkt einen formalen und vollständigen Beweis hatte.

Satz 14. Sei B NP-vollständig. Dann gilt: $B \in \mathrm{P}$ gdw. $\mathrm{P} = \mathrm{NP}$. ◀

Beweis „$\Leftarrow$“: Sei $\mathrm{P} = \mathrm{NP}$. Da $B \in \mathrm{NP}$ gilt, folgt $B \in \mathrm{P}$.

„$\Rightarrow$“: Sei nun $B \in \mathrm{P}$. Sei $A \in \mathrm{NP}$ ein beliebiges Problem. Da B nach Voraussetzung NP-vollständig ist, gilt insbesondere auch $A \leq_m^{\mathrm{P}} B$, also folgt $A \in \mathrm{P}$. Da A beliebig gewählt wurde, folgt: alle Probleme aus NP sind in P, in Zeichen, $\mathrm{P} \supseteq \mathrm{NP}$. ■

Die große Frage ist nun, wie man zeigt, dass ein Problem NP-schwer ist. Kennen wir bereits ein NP-schweres Problem, so ist diese Frage leicht zu beantworten, wie im folgenden Satz gezeigt.

Satz 15. Sei B NP-vollständig und $C \in \mathrm{NP}$. Falls $B \leq_m^{\mathrm{P}} C$, so ist auch C NP-vollständig. ◀

Beweis Wir müssen nun zeigen, dass $A \leq_m^{\mathrm{P}} C$ für alle $A \in \mathrm{NP}$ gilt. Da B NP-vollständig ist, gilt natürlich $A \leq_m^{\mathrm{P}} B$. Nun gilt nach Voraussetzung, dass $B \leq_m^{\mathrm{P}} C$ und aus Satz 13 wissen wir, dass $\leq_m^{\mathrm{P}}$ transitiv ist. Demnach folgt $A \leq_m^{\mathrm{P}} C$. ■

Jeffrey Ullman

Hier müssen Sie ein wenig mit der Formulierung aufpassen. Wenn ich ein NP-vollständiges Problem A habe und $A \leq_m^{\mathrm{P}} B$ zeige, dann gilt zunächst nur, dass B NP-schwer ist. NP-Vollständigkeit für B wurde erst gezeigt, wenn man einen NP-Algorithmus für B hat. Natürlich reicht für die Schwere von B auch aus, wenn Sie von einem anderen lediglich NP-schweren Problem C aus reduzieren, also $C \leq_m^{\mathrm{P}} B$ zeigen.

Nun stehen wir jedoch vor dem Problem, dass wir bisher leider noch kein NP-vollständiges Problem kennen, welches wir benutzen können um weitere Probleme als NP-vollständig zu klassifizieren. Folglich brauchen wir ein erstes solches NP-vollständiges Problem. Um diesen allerersten Schritt zu machen, beweist man eine sogenannte *generische Reduktion*, die alle Sprachen $A \in \mathrm{NP}$ auf B reduziert. Der Name kommt daher, da man einfach von einer allgemeinen Turingmaschine mit den NP-Eigenschaften ausgeht und dieses abstrakte Maschinenkonzept auf die gewünschte Sprache reduziert.

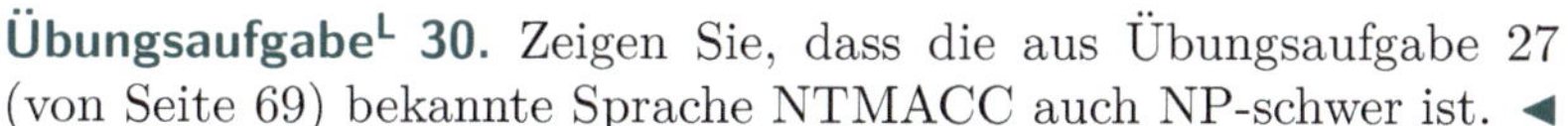

Übungsaufgabe[L] 30. Zeigen Sie, dass die aus Übungsaufgabe 27 (von Seite 69) bekannte Sprache NTMACC auch NP-schwer ist. ◄

4.3. Der Satz von Cook und Levin – der Anfang ist gemacht

In diesem Abschnitt werden wir uns ausschließlich mit dem Satz von Cook und Levin beschäftigen.

Satz 16. SAT ist NP-vollständig. ◄

Satz von Cook und Levin

Die Beweisidee für diesen Satz umfasst ungefähr die Simulation einer nichtdeterministischen Turingmaschine durch die Belegung einer aussagenlogischen Formel. Betrachten wir die Berechnung einer NTM, so erinnern wir uns, dass sie dabei einen Berechungsbaum aufspannt. Die Maschine akzeptiert genau dann, wenn es einen Pfad in dem Baum gibt, der zu einem akzeptierenden Blatt führt.

Die Größe einer einzelnen Konfiguration wird eine Rolle spielen sowie die Tiefe des Baumes, d.h. damit die Länge eines solchen Pfades, welchen wir in Form einer Tabelle darstellen wollen. Die Zeilen werden die einzelnen Konfigurationen sein.

Beweis (Satz von Cook und Levin) In Beispiel 19 (siehe Seite 176) sieht man, dass SAT $\in$ NP bereits gilt. Also bleibt nur noch die NP-Schwere übrig.

Sei nun A eine beliebige Sprache aus NP. Wir müssen zeigen, dass $A \leq_m^{\mathrm{P}}$ SAT gilt. Sei nun M eine NTM, die A in Zeit $p(n)$ für ein Polynom p entscheidet. Sei M eine Einband-TM, $M = (Z, \Gamma, \delta, z_0, E)$. Sei $w = x_1 \cdots x_n, |w| = n$.

Warum müssen die Zeilen $2p(n) + 4$ breit sein?

Ein *Tableau* T von M bei Eingabe w ist eine Tabelle mit $p(n) + 1$ Zeilen (für jeden Rechenschritt und die Startkonfiguration eine Zeile) und $2p(n) + 4$ Spalten, die folgendermaßen aufgebaut ist:

- Jede Zeile besteht aus der Beschreibung einer Konfiguration von M wie folgt: Ist M im Zustand z, der Bandinhalt das Wort uv und steht der Kopf auf dem ersten Zeichen von v, so beschreiben wir diese Konfiguration durch
$$\#uzv\#,$$
u und v werden dabei mit Leersymbolen links und rechts so aufgefüllt, dass $|uv| = 2p(n) + 1$.
- Die erste Zeile besteht aus der Startkonfiguration, genauer:
$$\#\underbrace{\Box\Box\cdots\Box}_{p(n)} z_0 \underbrace{x_1 x_2 \cdots x_n \Box\Box\cdots\Box}_{p(n)+1}\#,$$
wobei z_0 der Startzustand von M ist.
- Die Konfiguration jeder Zeile von T geht aus der Konfiguration der vorherigen Zeile durch einen Schritt von M hervor.

Ein Tableau heißt akzeptierend, wenn irgendeine Zeile eine akzeptierende Konfiguration enthält. Es gilt also: $w \in A$ gdw. es ein akzeptierendes Tableau von M auf w gibt.

Wir wollen nun eine Formel φ konstruieren, die die Eigenschaft hat, dass $w \in A$ gdw. $\varphi \in$ SAT.

Die Variablen von φ (genauer gesagt: deren Wahrheitswerte) werden ein Tableau beschreiben bzw. kodieren. Formaler gesagt gibt es für $1 \leq i \leq p(n) + 1, 1 \leq j \leq 2p(n) + 4, s \in Z \cup \Gamma \cup \{\#\}$ jeweils eine Variable $x_{i,j,s}$. Wird $x_{i,j,s}$ auf wahr gesetzt, so bedeutet dies, dass im betrachteten Tableau in Zeile i und Spalte j das Zeichen s steht. Wir wollen dafür kurz schreiben Zelle$[i, j] = s$.

Wir konstruieren nun die Formel φ so, dass eine akzeptierende Belegung von φ einem akzeptierenden Tableau von M auf w entspricht. Dann gilt: es gibt eine Belegung I mit $I \models \varphi$ gdw. $w \in A$.

Konstruiere φ als eine Konjunktion verschiedener Formeln

$$\varphi = \varphi_k \wedge \varphi_s \wedge \varphi_a \wedge \varphi_\ell.$$

Kommen wir zur Definition der einzelnen Teilformeln:

φ_k (k für konsistent) drückt aus, dass für alle $1 \leq i \leq p(n), 1 \leq j \leq 2p(n) + 4$ genau eine Variable $x_{i,j,s}$ auf 1 gesetzt ist:

$$\varphi_k = \bigwedge_{\substack{1 \leq i \leq p(n)+1 \\ 1 \leq j \leq 2p(n)+4}} \Bigg(\Big(\bigvee_{s \in Z \cup \Gamma \cup \{\#\}} x_{i,j,s} \Big) \wedge \Big(\bigwedge_{\substack{s,t \in Z \cup \Gamma \cup \{\#\} \\ s \neq t}} (\neg x_{i,j,s} \vee \neg x_{i,j,t}) \Big) \Bigg)$$

φ_s (s wie Start) drückt aus, dass die erste Zeile des Tableaus die Startkonfiguration kodiert:

$$\begin{aligned} \varphi_s = {} & x_{1,1,\#} \wedge \\ \wedge & \bigwedge_{2 \leq j \leq p(n)+1} x_{1,j,\square} \wedge x_{1,p(n)+2,z_0} \wedge x_{1,p(n)+3,x_1} \wedge \ldots \wedge x_{1,p(n)+2+n,x_n} \\ \wedge & \bigwedge_{\substack{p(n)+3+n \leq j \\ \leq 2p(n)+3}} x_{1,j,\square} \wedge x_{1,2p(n)+4,\#} \end{aligned}$$

φ_a (a für akzeptierend) drückt aus, dass irgendeine Zeile einen akzeptierenden Zustand enthält:

$$\varphi_a = \bigvee_{\substack{1 \leq i \leq p(n)+1 \\ 1 \leq j \leq 2p(n)+4 \\ z \in E}} x_{i,j,z}$$

φ_ℓ (ℓ für legal) drückt aus, dass zwei aufeinanderfolgende Zeilen jeweils einem legalen Rechenschritt von M entsprechen. Dazu betrachten wir sogenannte *Fenster* der Größe 2×3 Zellen im Tableau.

Warum reicht es aus, Fenster zu betrachten?

Ein Fenster heiß *legal*, wenn es der Überführungsfunktion δ nicht widerspricht. Genauer:

(i) Ist $\delta(q, a) \ni (p, b, N)$, so ist

c	q	a
c	p	b

legal für alle $c \in \Gamma \cup \{\#\}$.

(ii) Ist $\delta(q, a) \ni (p, b, R)$, so ist $\begin{array}{|c|c|c|}\hline c & q & a \\ \hline c & b & p \\ \hline\end{array}$ legal für alle $c \in \Gamma \cup \{\#\}$.

(iii) Ist $\delta(q, a) \ni (p, b, L)$, so ist $\begin{array}{|c|c|c|}\hline c & q & a \\ \hline p & c & b \\ \hline\end{array}$ legal für alle $c \in \Gamma$.

Nun bleiben noch einige *Randfälle* der obigen Fälle übrig, für die es natürlich immer wie vorher in (i)-(iii) einen zugehörigen δ-Übergang geben muss:

(i) $\begin{array}{|c|c|c|}\hline d & c & q \\ \hline d & c & p \\ \hline\end{array}$, $\begin{array}{|c|c|c|}\hline q & a & d \\ \hline p & b & d \\ \hline\end{array}$, $\begin{array}{|c|c|c|}\hline a & c & d \\ \hline b & c & d \\ \hline\end{array}$ sind legal für alle $c \in \Gamma$, $d \in \Gamma \cup \{\#\}$.

(ii) $\begin{array}{|c|c|c|}\hline d & c & q \\ \hline d & c & b \\ \hline\end{array}$, $\begin{array}{|c|c|c|}\hline q & a & d \\ \hline b & p & d \\ \hline\end{array}$, $\begin{array}{|c|c|c|}\hline a & c & d \\ \hline p & c & d \\ \hline\end{array}$ sind legal für alle $c \in \Gamma$, $d \in \Gamma \cup \{\#\}$.

(iii) $\begin{array}{|c|c|c|}\hline d & c & q \\ \hline d & p & c \\ \hline\end{array}$, $\begin{array}{|c|c|c|}\hline q & a & d \\ \hline c & b & d \\ \hline\end{array}$, $\begin{array}{|c|c|c|}\hline d & e & c \\ \hline d & e & p \\ \hline\end{array}$ sind legal für alle $c, e \in \Gamma$, $d \in \Gamma \cup \{\#\}$.

Außerdem ist $\begin{array}{|c|c|c|}\hline a & b & c \\ \hline a & b & c \\ \hline\end{array}$ legal für $a, b, c \in \Gamma \cup \{\#\}$. Die Konstruktion von φ_ℓ ist nun wie folgt:

$$\varphi_\ell = \bigwedge_{\substack{1 \leq i \leq p(n) \\ 1 \leq j \leq 2p(n)+2}} \text{(das Fenster, dessen linke obere Zelle die Zelle}[i, j] \text{ ist, ist legal)}$$

$$= \bigwedge_{\substack{1 \leq i \leq p(n) \\ 1 \leq j \leq 2p(n)+2}} \bigvee_{\substack{a_1, \ldots, a_6 \in \Gamma \cup Z \cup \{\#\} \\ \begin{array}{|c|c|c|}\hline a_1 & a_2 & a_3 \\ \hline a_4 & a_5 & a_6 \\ \hline\end{array} \text{ ist legal}}} (x_{i,j,a_1} \wedge x_{i,j+1,a_2} \wedge x_{i,j+2,a_3} \wedge x_{i+1,j,a_4} \wedge x_{i+1,j+1,a_5} \wedge x_{i+1,j+2,a_6})$$

Nun gilt: Tableau T besteht nur aus legalen Fenstern gdw. alle Konfigurationen in T entsprechen einem möglichen akzeptierenden Rechenweg von M auf w. Also

$$\begin{aligned} w \in A &\Leftrightarrow \text{es gibt akzeptierendes Tableau von } M(w) \\ &\Leftrightarrow \text{es gibt erfüllende Belegung von } \varphi \\ &\Leftrightarrow \varphi \in \text{SAT} \\ &\Leftrightarrow f(w) \in \text{SAT}, \end{aligned}$$

wobei f die Funktion ist, sodass $x \overset{f}{\mapsto} \varphi$ gilt.

Wir haben gesehen, dass die Erfüllbarkeit der Formel φ sich genauso verhält wie die Akzeptanz des Eingabewortes w von M. Damit haben wir die gewünschte zweite Eigenschaft der Reduktion gezeigt.

Nun bleibt zu zeigen, dass f in deterministischer Polynomialzeit berechnet werden kann:

- φ_k, φ_s, und φ_a können klar in Zeit $O(p(n)^2)$ konstruiert werden.
- Es gibt insgesamt

$$\begin{aligned} &\leq \underbrace{2 \cdot |\delta| \cdot (|\Gamma| + 1) + |\delta| \cdot |\Gamma|}_{\#\text{Fenster für Fall (i)-(iii)}} + \\ &\quad + \underbrace{|\delta| \cdot (|\Gamma| + 1)^3 + 6|\delta| \cdot (|\Gamma| + 1)^2 + 2|\delta| \cdot (|\Gamma| + 1)}_{\#\text{Fenster für Randfälle}} + \\ &\quad + \underbrace{(|\Gamma| + 1)^3}_{\#\text{Fenster wo nichts passiert}} =: m \end{aligned}$$

  mögliche Fenster für ein festes $m \in \mathbb{N}$, da die Maschine M als fix angenommen ist. Also kann φ_ℓ in Zeit $O(p(n)^2 \cdot 6^m) = O(p(n)^2)$ konstruiert werden.

Also haben wir die gewünschte Reduktion von A auf SAT gefunden, $A \leq_m^{\mathrm{P}} \text{SAT}$. Da $A \in \text{NP}$ beliebig war, ist SAT also NP-schwer und insgesamt dann NP-vollständig. (Satz von Cook und Levin) ■

Übungsaufgabe 31. Spielen Sie den Satz von Cook an der Turingmaschine für die Sprache Ω über dem Alphabet $\{0, 1\}$ durch. ◀

Nun haben wir unser erstes NP-vollständiges Problem mit SAT gefunden und können jetzt im Sinne von Satz 15 die NP-Vollständigkeit von weiteren Problemen zeigen. Die Sprache der Aussagenlogik (also aussagenlogische Formeln) ist hierfür ein exzellenter Ausgangspunkt, da viele Probleme sich gut in ihr formulieren lassen.

Wenn man sich Reduktionen überlegt, ist es oft sehr angenehm, wenn man von einer *gewissen Struktur* ausgehen kann. Bei SAT haben wir jedoch beliebige aussagenlogische Formeln, die keine bestimmte Ordnung aufweisen wie z.B. die konjunktive Normalform (KNF). Mit dem folgenden Problem wollen wir noch einen kleinen Zwischenschritt in die Richtung dieser Struktur machen und zeigen, dass die Erfüllbarkeitsfrage von 3KNF-Formeln bereits NP-vollständig ist. Ausgehend von dieser Art von Formeln können wir dann im folgenden Kapitel viele Reduktionen gut beweisen.

Was würde folgen, wenn wir sogar auf 2KNF generalisieren könnten?

Satz 17. Das Problem

$$\mathrm{3SAT} = \left\{ \langle \varphi \rangle \,\middle|\, \begin{array}{l} \varphi \text{ ist eine erfüllbare aussagenlogische} \\ \text{Formel in 3KNF} \end{array} \right\}$$

ist NP-vollständig. ◀

Beweis Betrachten wir die Formel

$$\varphi = \varphi_k \wedge \varphi_s \wedge \varphi_a \wedge \varphi_\ell.$$

aus dem Beweis des Satzes von Cook. Sind die Teilformeln eventuell schon alle in 3KNF oder zumindest in KNF?

- φ_k ist in KNF,
- φ_s ist in KNF (Klauseln mit nur je einer Variablen),
- φ_a ist in KNF (nur eine Klausel), jedoch ist
- φ_ℓ nicht in KNF. Die Formel kann jedoch durch Anwendung der Distributivgesetze in KNF überführt werden. Die Größe der „ausmultiplizierten" KNF wächst dann um einen Faktor von $\approx 6^m$, wobei $m \in \mathbb{N}$ der feste Wert der Anzahl der möglichen Fenster aus dem vorherigen Beweis ist.

Woher kommt die 6?

Also können wir φ im ersten Schritt in KNF überführen. Nun bleibt zu zeigen, wie man in Polynomialzeit eine Formel in KNF in eine Formel in 3KNF umformen kann. Dazu behandelt man die ursprüngliche Formel wie folgt: Bei Klauseln mit nur einer oder zwei Variablen vervielfachen wir lediglich vorhandene Literale, bis drei Literale erreicht sind.

Klauseln mit mehr als drei Literalen werden *aufgebrochen*:

$$(L_1 \vee L_2 \vee \cdots \vee L_r)$$

mit $r > 3$ wird überführt in die $r - 2$ Klauseln

$$(L_1 \vee L_2 \vee z_1) \wedge (\bar{z}_1 \vee L_3 \vee z_2) \wedge (\bar{z}_2 \vee L_4 \vee z_3) \wedge \cdots \\ \wedge(\bar{z}_{r-3} \vee L_{r-1} \vee L_r)$$

wobei $z_1, \ldots, z_{r-3}$ Variablen sind, die in $L_1 \vee \cdots \vee L_r$ nicht vorkommen.

Die ursprüngliche Formel ist nicht unbedingt äquivalent zur so gewonnenen Formel, aber es gilt: Die ursprüngliche Formel ist erfüllbar, gdw. die so gewonnene Formel erfüllbar ist. ■

Übungsaufgaben

Übungsaufgabe 32. Die Sprache ⋆

$$\text{KNF-SAT} = \left\{ \langle \varphi \rangle \,\middle|\, \begin{array}{l} \varphi \text{ ist erfüllbare, aussagenlogische} \\ \text{Formel in KNF} \end{array} \right\}$$

definiert sozusagen die KNF-Variante vom Problem SAT, bei dem nur noch aussagenlogische Formeln in KNF erlaubt sind. Zeigen Sie, dass SAT $\leq_m^{\mathrm{P}}$ KNF-SAT gilt, indem Sie eine direkte Reduktion von beliebigen aussagenlogischen Formeln (über den Konnektoren $\vee, \wedge, \neg$) auf aussagenlogische Formeln in KNF angeben. ◀

Übungsaufgabe 33. Beweisen Sie, dass die Sprache

$$k\text{-SAT} = \left\{ \langle \varphi \rangle \,\middle|\, \begin{array}{l} \varphi \text{ ist erfüllbare, aussagenlogische Formel in} \\ k\text{KNF} \end{array} \right\}$$

für jedes feste $k \geq 3$ bereits NP-vollständig ist. ◀

Übungsaufgabe[L] 34. Zeigen Sie, dass die aus Übungsaufgabe 29 (von Seite 70) bekannte Sprache DOUBLE-SAT auch NP-schwer ist. ◀

Übungsaufgabe[L] 35. Zeigen Sie, dass das Problem

$$\text{EVEN-SAT} := \left\{ \langle \varphi \rangle \,\middle|\, \begin{array}{l} \varphi \text{ ist eine erfüllbare aussagenlogische} \\ \text{Formel, die eine gerade Anzahl an} \\ \text{erfüllenden Belegungen hat} \end{array} \right\}$$

NP-schwer ist! ◀

Denken Sie darüber nach, wieso eine Mitgliedschaft in NP im Fall für EVEN-SAT unklar ist.

Was haben wir in diesem Kapitel gesehen?

Wir haben Karp-Reduktionen kennengelernt und gesehen, welche Eigenschaften sie haben. Wir haben gelernt, was *schwer* und was *vollständig* bedeutet. Außerdem haben wir untersucht, wie man NP-Schwere bzw. -Vollständigkeit benutzt, um zu zeigen, dass andere Probleme NP-schwer sind. Anschließend haben wir den Satz von Cook und Levin bewiesen, der SAT als erstes NP-vollständiges Problem herausgestellt hat. Danach haben wir noch eine Modifikation des Beweises gesehen, sodass 3SAT auch NP-vollständig ist.

Welche Aussagen sind richtig, welche falsch?

✓ × • Seien $A, B \subseteq \Sigma^*$. Es gilt $A \leq_m^{\mathrm{P}} B$ gdw. es gibt eine beliebige Funktion f, sodass $\forall x \in \Sigma^* : x \in A \Rightarrow f(x) \in B$ und $x \notin A \Rightarrow f(x) \notin B$ gilt.

✓ × • Alle NP-schweren Probleme können in nichtdeterministischer Polynomialzeit entschieden werden.

✓ × • Wenn es einen deterministischen Algorithmus gibt, der CLIQUE entscheidet und in Zeit $O(n)$ läuft, dann gilt $\mathrm{P} = \mathrm{NP}$.

✓ × • Für alle Probleme $A \in \mathrm{NL}$ gilt: $A \leq_m^{\mathrm{P}}$ 3SAT.

✓ × • Jedes Problem, dass sich auf SAT reduzieren lässt, ist NP-schwer.

✓ × • Für alle Probleme A gilt: Ist 3SAT $\leq_m^{\mathrm{P}} A$, so ist auch SAT $\leq_m^{\mathrm{P}} A$.

Weiterführende Literatur

- Reduktionen und NP-Vollständigkeit
  - (Sipser, 2012, S.299–301,304)
  - (Papadimitriou, 1993, S.181–183)
  - (Hopcroft et al., 2002, S.430–433)

  - (Garey & Johnson, 1979, S.34–35)
  - (Ausiello et al., 1999, S.21–22)

- Satz von Cook und Levin
  - (Sipser, 2012, S.304–311)
  - (Papadimitriou, 1993, S.171–172)
  - (Hopcroft et al., 2002, S.438–443)
  - (Garey & Johnson, 1979, S.38–44)
  - (Ausiello et al., 1999, S.184–188)

Lösungen zu Kapitel 4

Lösung zu Aufgabe 30 von Seite 83

Sei $L \in \mathrm{NP}$ beliebig via NTM M_L. Die Laufzeit von M_L ist durch ein Polynom p beschränkt. Sei g die Reduktionsfunktion, sodass $L \leq_m^{\mathrm{P}} \mathrm{NTMACC}$ wie folgt:

$$g\colon x \mapsto M_L, x, 1^{p(|x|)}.$$

Nun bleibt zu zeigen $x \in L \Leftrightarrow g(x) \in \mathrm{NTMACC}$:

$x \in L$ $\Leftrightarrow$ Die NTM M_L, die L entscheidet, akzeptiert Eingabe x (auf mindestens einem Berechnungspfad) und die Schrittanzahl von M_L ist durch das Polynom $p(|x|)$ beschränkt.

$\Leftrightarrow$ $M_L, x, 1^{p(|x|)} \in \mathrm{NTMACC}$

$\Leftrightarrow$ $g(x) \in \mathrm{NTMACC}$

Die Reduktionsfunktion ist in Polynomialzeit berechenbar, da hierzu lediglich die Turingmaschine kodiert und der Wert $p(|x|)$ berechnet werden muss.

◄

Lösung zu Aufgabe 34 von Seite 89

Wir geben eine Polynomialzeit-Reduktion von SAT auf DOUBLE-SAT an. Hierzu überlegt man sich zunächst die Eigenschaften einer SAT-Instanz und versucht sie sinnvoll auf eine von DOUBLE-SAT abzubilden. Jede Formel, die in SAT liegt, ist erfüllbar und besitzt demnach mindestens eine erfüllende Belegung. Nun konstruieren wir eine neue Formel $\varphi \wedge (x \vee \neg x)$ und verdoppeln damit die Anzahl der erfüllenden Belegungen von φ. Folglich gibt es nun mindestens 2 (bei einer erfüllbaren Formel). Also ist die neue Formel in DOUBLE-SAT. Ist φ unerfüllbar, so ist die neue Formel auch nicht erfüllbar, da φ ein Konjunktionsglied der Formel ist.

$$\varphi \mapsto \varphi \wedge (x \vee \neg x),$$

wobei φ eine aussagenlogische Formel und x eine neue Variable ist.

Die Reduktion ist total und in Polynomialzeit (sogar Linearzeit) berechenbar, also ist DOUBLE-SAT eine NP-schwere Sprache. ◄

Lösung zu Aufgabe 35 von Seite 89
Reduktion von SAT:

$$\varphi \mapsto \varphi \wedge (y \vee \neg y),$$

wobei y eine neue Variable ist, die in φ nicht vorkommt.

Nun gilt: Wenn φ genau n erfüllende Belegungen hat, so hat $f(\varphi)$ genau $2n$ erfüllende Belegungen. Die Reduktion kann in Linearzeit berechnet werden. ◀

Kurzfragen Lösungen: $\times, \times, \checkmark, \checkmark, \times, \checkmark$

Kapitel 5

Ein Bausatz von NP-vollständigen Problemen

Lernziele dieses Kapitels

① Sie verstehen die Reduktionen aus diesem Kapitel.

② Sie verstehen die Zusammenhänge der Probleme.

Dieses Kapitel ist als eine große Sammlung von Beispielen für Reduktionen zu sehen. Diesen Typ von Reduktionen, also von einem NP-schweren Problem aus, werden Sie auch in der Klausur am Ende des Semesters durchführen müssen. Um das Prinzip der Reduktionen zu verstehen, müssen Sie selber anfangen, sich solche Reduktionen zu überlegen. Im Prinzip verhält es sich genauso wie mit dem Lernen einer Programmiersprache. Sie lernen diese Sprache nicht, indem Sie ausschließlich fertigen Quellcode lesen, sondern indem Sie selbst programmieren. Genauso lernen Sie nicht, wie man Reduktionen findet, indem Sie Musterlösungen – also schon aufgeschriebene Reduktionen – lesen, sondern versuchen, selbständig auf solche Reduktionen zu kommen.

Hierzu ist der Übungsbetrieb gedacht, in dem wir intensiv solche Reduktionen üben werden. Die Reduktionen aus der Vorlesung haben meistens ein deutlich höheres Niveau als das, was Sie später in der Prüfung erwarten wird. Wir erwarten nicht, dass Sie Reduktionen auf dem Vorlesungsniveau sich selber überlegen, jedoch zeigen diese Reduktionen recht anschaulich, wie genau man von einem Typus von Problem zu einem anderen kommen kann. Außerdem liefern die Probleme, für die wir hier die NP-Vollständigkeit zeigen, eine exzellente Ausgangsmenge von Problemen, um von diesen aus zu reduzieren.

5.1. Graphenprobleme

Satz 18. CLIQUE ist NP-vollständig. ◄

Die Idee bei diesem Beweis ist eine Reduktion von 3SAT aus. Jede Klausel wird eine Knoten-Gruppe. Kanten werden nur zu anderen Knoten-Gruppen gezogen, allerdings niemals zwischen *gegensätzlichen* Literal-Knoten.

Beweis (Satz 18) CLIQUE $\in$ NP wurde bereits gezeigt. Wir zeigen noch die NP-Schwere durch eine Reduktion 3SAT $\leq_m^P$ CLIQUE.

Hierzu sei φ eine aussagenlogische Formel in 3KNF:

$$\varphi = (L_{1,1} \vee L_{1,2} \vee L_{1,3}) \wedge (L_{2,1} \vee L_{2,2} \vee L_{2,3}) \wedge \cdots \wedge (L_{k,1} \vee L_{k,2} \vee L_{k,3}).$$

Wir definieren einen ungerichteten Graphen $G = (V, E)$ wie folgt:

$$\begin{aligned} V =& \{L_{i,j} \mid 1 \leq i \leq k, 1 \leq j \leq 3\} \\ E =& \{(L_{i,j}, L_{i',j'}) \mid i \neq i' \text{ und } L_{i,j} \text{ und } L_{i',j'} \text{ sind} \\ & \text{keine konträren Literale}\}. \end{aligned}$$

Schauen wir uns die Reduktion zuerst an einem Beispiel an:

Beispiel 14. $\varphi = (x_1 \vee x_2 \vee \bar{x}_3) \wedge (\bar{x}_1 \vee \bar{x}_2 \vee \bar{x}_2) \wedge (\bar{x}_1 \vee x_2 \vee x_3)$

Hieraus erhalten wir den folgenden Graphen:

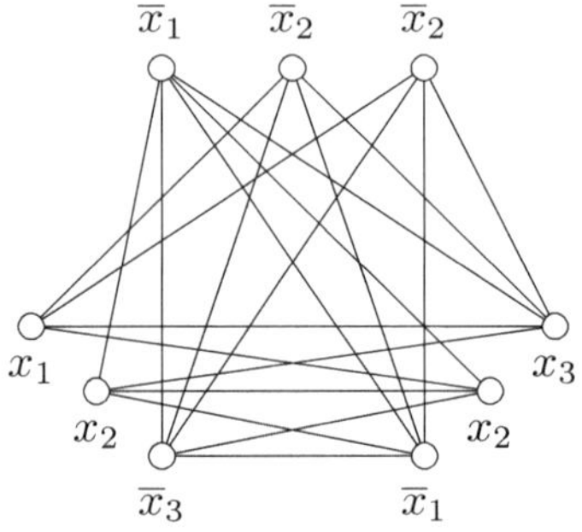

Eine erfüllende Belegung für φ ist $x_1 = 0, x_2 = 1, x_3 = 1$ und dies ist auch genau eine Clique der Größe 3. ◄

Behauptung. φ ist erfüllbar gdw. G hat eine Clique der Größe k.

Beweis (Behauptung) „$\Rightarrow$“: Sei φ erfüllbar, dann gibt es eine Belegung $I \models \varphi$. Definiere nun die Knotenmenge der Clique $V' \subseteq V$ wie folgt: für $1 \leq i \leq k$ enthält V' einen Knoten $L_{i,j}$ mit $I \models L_{i,j}$. Dieser muss existieren, da $I \models \varphi$, also $I \models L_{i,1} \vee L_{i,2} \vee L_{i,3}$. Falls mehrere solche j existieren, wähle genau ein beliebiges j aus.

Dann gilt: (i) $|V'| = k$ und (ii) V' ist eine Clique, denn für $L_{i,j}, L_{i',j'} \in V'$ muss einerseits $i \neq i'$ gelten (nur ein j pro Klausel gewählt), andererseits sind $L_{i,j}, L_{i',j'}$ keine komplementären Literale, da I beide erfüllt. Es gibt also eine Kante $(L_{i,j}, L_{i',j'})$ in G.

Damit folgt $\langle G, k\rangle \in$ CLIQUE.

„$\Leftarrow$“: Sei $V' \subseteq V$ eine Clique im Graphen mit $|V'| \geq k$. Nun gilt, falls $L_{i,j}, L_{i',j'} \in V'$ ist:

(i) $i \neq i'$, da für gleiche i keine Kanten gezogen werden,

(ii) $L_{i,j}$ und $L_{i',j'}$ sind keine komplementären Literale (da eine Kante zwischen ihnen ist).

Definiere nun eine Belegung I so, dass $I \models L_{i,j}$ gdw. $L_{i,j} \in V'$. Dann gilt, dass I konsistent ist (wegen (ii)) und $I \models \varphi$, da $I \models L_{i,1} \vee L_{i,2} \vee L_{i,3}$ für alle i (wegen (i)).

Demnach folgt $\varphi \in$ 3SAT. (Behauptung) ■

Die Reduktion 3SAT $\leq_m^{\mathrm{P}}$ CLIQUE wird definiert durch $f\colon \langle\varphi\rangle \mapsto \langle G, k\rangle$ wie oben konstruiert. Die Funktion f ist in quadratischer Zeit (Linearzeit für Knoten erstellen, quadratische Zeit für Kanten) berechenbar; also auch in P. Damit ist CLIQUE NP-schwer und insgesamt NP-vollständig. (Satz 18) ■

Beim folgenden Problem benutzen wir wieder 3SAT als Ausgangspartner.

Satz 19. HAMPATH ist NP-vollständig. ◄

In diesem Beweis konstruieren wir sogenannte *Diamanten* für jede Variable, welche entweder von rechts oder von links durchlaufen werden können auf einem Hamilton'schen Pfad. Von links aus bedeutet, die Variable wird mit wahr belegt und von rechts aus mit falsch. Auf dem horizontalen Weg durch so einen Diamanten können die von diesem Literal erfüllten Klauseln „mitgenommen“ werden.

Beweis (Satz 19) Die Mitgliedschaft in NP haben wir bereits gezeigt. Übrig bleibt, wieder die NP-Schwere zu zeigen. Dies tun wir wieder durch eine Reduktion 3SAT $\leq_m^{\mathrm{P}}$ HAMPATH.

Sei nun unsere 3KNF Formel gegeben wie folgt:

$$\varphi = \underbrace{(L_{1,1} \vee L_{1,2} \vee L_{1,3})}_{=C_1} \wedge \cdots \wedge \underbrace{(L_{k,1} \vee L_{k,2} \vee L_{k,3})}_{=C_k}.$$

Die Variablen in φ seien $x_1, x_2, \ldots, x_n$. Wir konstruieren einen gerichteten Graphen $G = (V, E)$ wie folgt: Für jede Variable x_i enthält G einen Diamanten-Teilgraphen der Gestalt

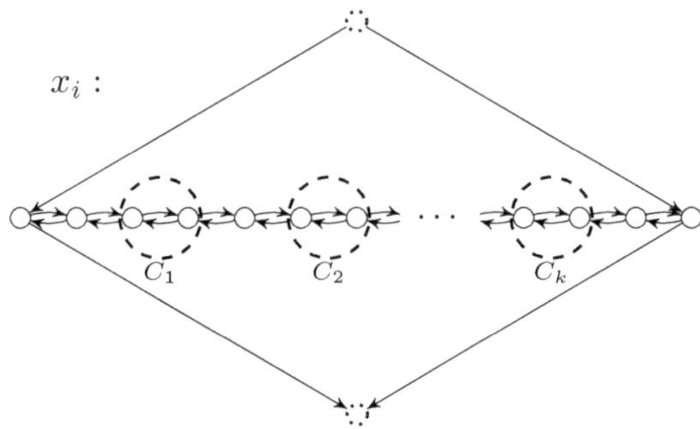

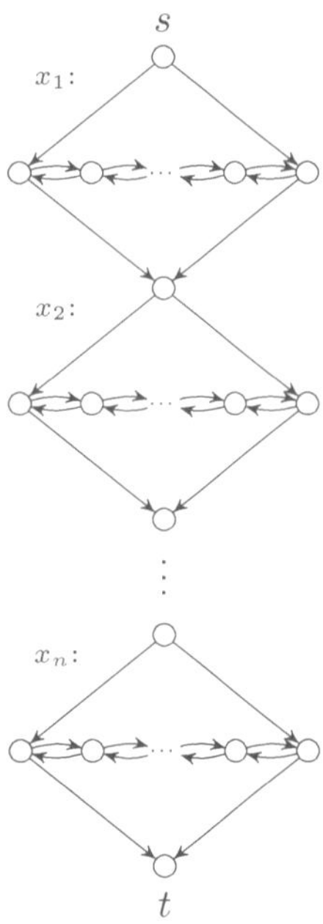

Das mittlere Level besteht aus $3k + 3$ Knoten:

- 2 Randknoten (ganz links und ganz rechts),
- $2k$ Klauselknoten (oben durch die gestrichelten Kreise angedeutet),
- $k + 1$ Trennknoten (liegen zwischen Klauselknoten verschiedener Klauseln, sowie Klauselknoten und Randknoten).

Wir nennen dies einen „Variablen-Teilgraphen" oder speziell den „x_i-Teilgraphen". Der Hamilton'sche Pfad muss so einen Teilgraphen oben betreten, unten verlassen und kann auf zwei mögliche Arten das mittlere Level durchlaufen: von links oder von rechts. Das soll den möglichen Wahrheitswerten von x_i (0 oder 1) entsprechen. Für jede Klausel C_j gibt es einen „Klausel-Teilgraphen", den „C_j-Teilgraphen". Dieser besteht aus einem einzigen Knoten, den wir ebenfalls mit C_j bezeichnen. Die Variablen-Teilgraphen sind untereinander wie links dargestellt verbunden.

Den obersten Knoten im x_1-Teilgraphen nennen wir s und den untersten Knoten im x_n-Teilgraphen t.

Nun simuliert ein Hamilton'scher Pfad von s nach t eine vollständige Belegung der Variablen in φ. Nun müssen wir noch die Erfüllung der Klauseln modellieren. Hier sind die Variablen-Teilgraphen mit dem *Klausel-Teilgraph* wie folgt verbunden:

Ist x_i ein Literal in Klausel C_j:

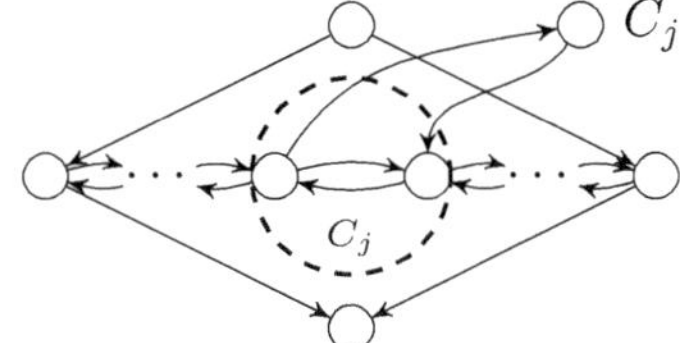

Ist $\overline{x}_i$ ein Literal in Klausel C_j:

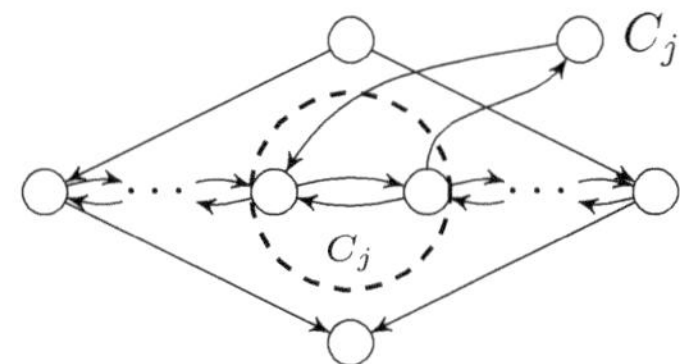

Beachte: Jedes Paar von Klauselknoten ist mit höchstens einem Klausel-Teilgraph auf diese Weise verbunden.

Im oberen Fall kann der Hamilton'sche Pfad den Klausel-Teilgraphen nur dann durchlaufen, wenn er von links kommt. Im unteren Fall hingegen kann der Hamilton'sche Pfad den Klausel-Teilgraphen nur dann durchlaufen, wenn er von rechts kommt.

Betrachten wir nun ein vereinfachtes Beispiel zur Konstruktion.

Beispiel 15. Nehmen wir die Formel

$$\varphi = \underbrace{(x_1 \vee x_1 \vee \bar{x}_2)}_{=C_1} \wedge \underbrace{(\bar{x}_1 \vee x_2 \vee x_2)}_{=C_2}.$$

Eine erfüllende Belegung von φ ist zum Beispiel gegeben durch $x_1 = 1, x_2 = 1$. Diese Belegung entspricht dem folgenden Hamilton'schen Pfad in dem konstruierten Graphen (die normalen Linien sind Teil des Pfades, die gestrichelten nicht):

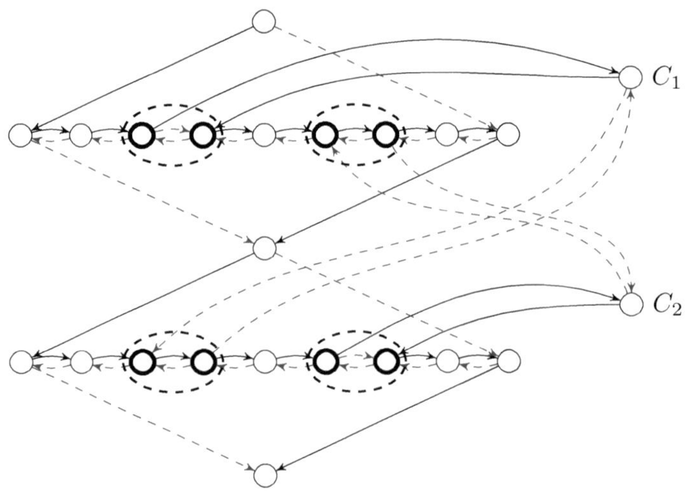

◀

Behauptung. φ ist erfüllbar gdw. G hat einen Hamilton'schen Pfad von s nach t.

Beweis (Behauptung) „$\Rightarrow$": Sei $I \models \varphi$ eine erfüllende Belegung. Der Hamilton'sche Pfad durchläuft dann das mittlere Level des x_i-Teilgraphen von links nach rechts, falls $I(x_i) = 1$, und von rechts nach links, falls $I(x_i) = 0$. Außerdem werden alle bisher noch nicht besuchten möglichen C_j-Teilgraphen durchlaufen, in denen x_i vorkommt, falls $I(x_i) = 1$, bzw. $\bar{x}_i$ vorkommt, falls $I(\bar{x_i}) = 0$.

„$\Leftarrow$": G habe einen Hamiltonschen Pfad von s nach t. Angenommen zunächst, der Pfad ist normal, d. h. er durchläuft jeden Variablen-Teilgraphen von oben nach unten, und wenn er einen Variablen-Teilgraphen verlässt, um einen Klausel-Teilgraphen zu besuchen, so kehrt er direkt in den gleichen Variablen-Teilgraphen zurück.

Dann ist φ erfüllbar durch folgende Belegung:

$$I(x_i) := \begin{cases} 1 & \text{, falls mittleres Level im } x_i\text{-Teilgraphen} \\ & \quad \text{von links nach rechts durchlaufen wird,} \\ 0 & \text{, sonst.} \end{cases}$$

Da jeder Klausel-Teilgraph auf dem Pfad vorkommt, enthält jede Klausel ein erfülltes Literal, also $I \models \varphi$.

Nun verbleibt noch die Frage, ob es in G einen nicht-normalen Hamilton'schen Pfad geben kann. Die einzige Möglichkeit ist die, dass der Pfad einen Variablen-Teilgraphen verlässt, um einen Klausel-Teilgraphen zu besuchen, und dann in einen anderen Variablen-Teilgraphen übergeht.

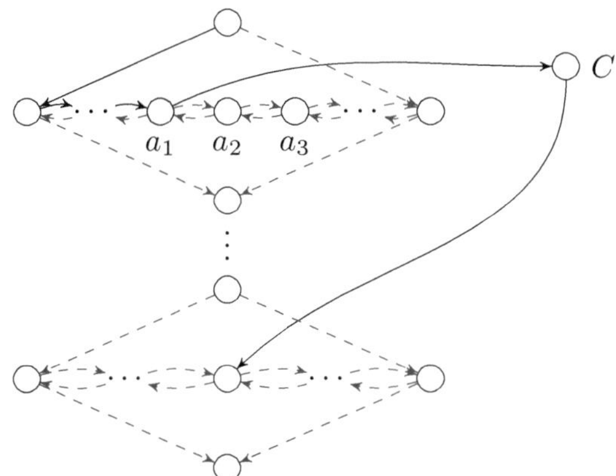

In dieser Situtation folgt: a_1 ist Klauselknoten. a_2 oder a_3 ist ein Trennknoten. Im Folgenden betrachten wir die beiden angesprochenen Fälle und erläutern jeweils, wieso eine solche Situation nicht auftreten kann. Woraus wir dann folgern können, dass alle Pfade nur normal (im obigen Sinne) sind.

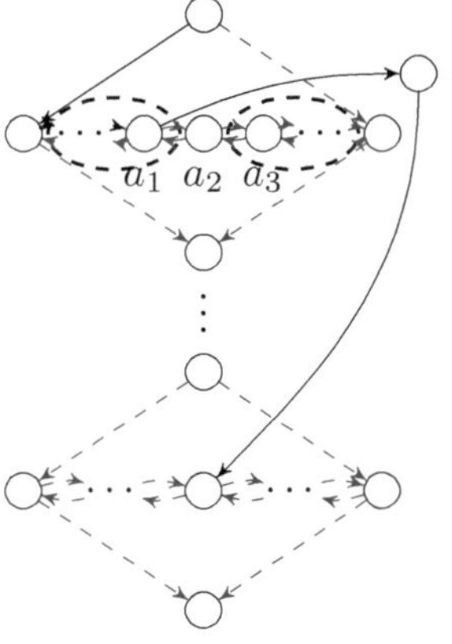

Fall 1: a_2 ist Trennknoten. Dann muss der Hamilton'sche Pfad a_2 betreten von a_3 aus kommend. Dann kann aber a_2 nicht mehr verlassen werden (Sackgasse), also Widerspruch.

Kommen wir nun zum zweiten Fall, wenn a_3 ein Trennknoten ist. Auch hier werden wir sehen, dass dieser Fall gar nicht auftreten kann.

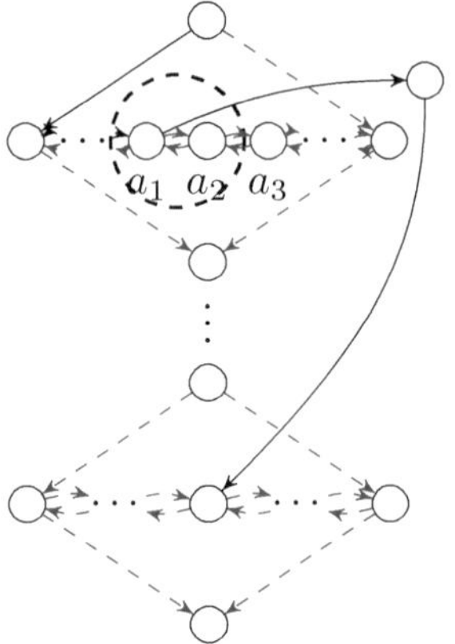

Fall 2: a_3 ist Trennknoten. Dann muss der Hamilton'sche Pfad a_2 betreten von a_3 kommend. Erneut kann a_2 nicht mehr verlassen werden, also Widerspruch.

Also folgt, dass jeder Hamilton'sche Pfad in G notwendigerweise normal sein muss. Damit gilt $\langle \varphi \rangle \in$ 3SAT genau dann, wenn $\langle G, s, t \rangle \in$ HAMPATH. (Behauptung) ■

Die Abbildung $f\colon \langle \varphi \rangle \mapsto \langle G, s, t \rangle$ wie beschrieben ist in Zeit $O((3k+4) \cdot n \cdot 2 + k)$ berechenbar, also in P. Damit ist HAMPATH insgesamt NP-vollständig. (Satz 19) ■

Der Beweis für das nächste Resultat ist eine minimale Modifikation des vorherigen Beweises.

Satz 20. Das Problem

$$\text{HAMCIRC} = \left\{ \langle G \rangle \,\middle|\, \begin{array}{l} G \text{ ist ein gerichteter Graph der einen} \\ \text{Hamilton'schen Kreis besitzt} \end{array} \right\}$$

ist NP-vollständig. ◀

Beweis HAMCIRC $\in$ NP ist leicht zu zeigen: das Zertifikat ist der Kreis, es muss lediglich geprüft werden, ob Kanten zwischen den Knoten vorhanden sind.

Die NP-Schwere zeigen wir über (fast) die gleiche Reduktion wie im vorherigen Satz durch 3SAT $\leq_m^{\mathrm{P}}$ HAMCIRC und fügen lediglich eine zusätzliche Kante von t nach s hinzu. ■

Das Problem des Handlungsreisenden (engl. travelling salesperson) ist eines der prominentesten Vertreter der Klasse NP. Vor diesem Problem steht jedes Logistik-Unternehmen jeden Tag. Man möchte die kürzeste Rundreise zu den Lieferstätten finden. Die Matrix kodiert dann die Entfernungen zwischen den Paaren und B gibt die Obergrenze für die Reisedauer an. S_n ist die *symmetrische Gruppe von n Elementen*, d.h. ein Element hieraus gibt einfach eine Permutation von n Elementen an und definiert damit eine Rundreise (also die Reihenfolge der besuchten Städte). Damit gibt es insgesamt $n! = |S_n|$ solche Permutationen.

Satz 21. Das Problem

$$\mathrm{TSP} = \left\{ \langle (d_{i,j})_{1\le i,j\le n}, B\rangle \;\middle|\; \begin{array}{l} n, d_{i,j}, B \in \mathbb{N} \text{ und es gibt ein} \\ \pi \in S_n \text{ mit } \sum_{i=1}^{n-1} d_{\pi(i),\pi(i+1)} + \\ d_{\pi(n),\pi(1)} \le B \end{array} \right\}$$

ist NP-vollständig. ◀

Hier kann man sehr einfach eine Modifikation von HAMCIRC benutzen. Die Idee ist, nicht vorhandenen Kanten ein so großes Gewicht zu geben, dass die Wahl einer solchen Kante nicht ermöglicht wird.

Beweis Die Mitgliedschaft in NP folgt aus dem Aufsummieren einer gegebenen Rundreise und ist in Linearzeit zu berechnen.

NP-Schwere zeigen wir über HAMCIRC $\le_m^{\mathrm{P}}$ TSP. Hierzu sei $G = (V, E)$ ein gerichteter Graph über der Knotenmenge $V = \{v_1, \dots, v_n\}$. Wir definieren

$$d_{i,j} = \begin{cases} 1 & \text{, falls } \{v_i, v_j\} \in E \\ 2 & \text{, sonst,} \end{cases} \qquad \text{und } B = n.$$

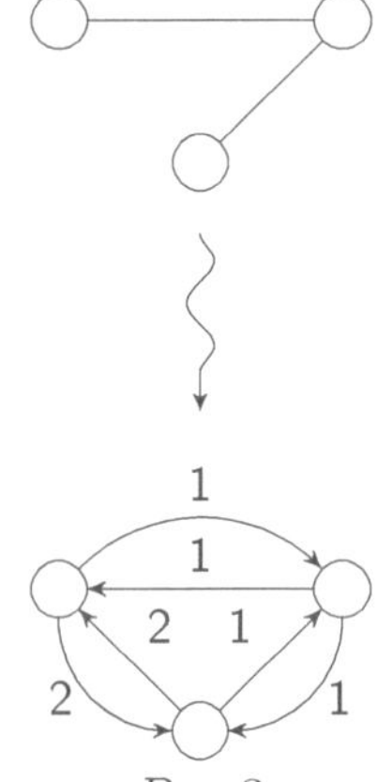

Nun gilt:

$$\begin{aligned} \langle G\rangle \in \mathrm{HAMCIRC} &\Leftrightarrow \text{es gibt einen Hamilton'schen Kreis in } G \\ &\Leftrightarrow \text{es gibt eine Rundreise in } (d_{i,j})_{1\le i,j\le n} \text{ mit} \\ &\qquad \text{Kosten höchstens } n \\ &\Leftrightarrow \langle (d_{i,j})_{1\le i,j\le n}, n\rangle \in \mathrm{TSP} \end{aligned}$$

Die Abbildung $f\colon \langle G\rangle \mapsto \langle (d_{i,j})_{1\le i,j\le n}, n\rangle$ kann in Linearzeit in $|G|$ berechnet werden. Also ist TSP NP-vollständig. ■

Übungsaufgaben

Übungsaufgabe[L] 36. Ein ungerichteter Graph $G' = (V', E')$ heißt genau dann Teilgraph eines ungerichteten Graphen $G = (V, E)$, wenn $V' \subseteq V$ und $E' = E \cap (V' \times V')$ gelten.

Aus Übungsaufgabe 26 (von Seite 69) kennen Sie bereits den Begriff der Isomorphie für Graphen.

Es sei

$$\begin{aligned}\text{SGI} := \{\langle G, H\rangle \mid\ & G \text{ und } H \text{ sind ungerichtete Graphen,}\\ & \text{und } G \text{ besitzt einen Teilgraphen, der isomorph zu } H \text{ ist.}\}\end{aligned}$$

Beweisen Sie, dass SGI $\in$ NP und CLIQUE $\leq_m^{\mathrm{P}}$ SGI gelten. Was folgt dann insgesamt für SGI? ◀

Übungsaufgabe[L] 37. Sei $G = (V, E)$ ein ungerichteter Graph. Eine Knotenmenge $V' \subseteq V$ heißt *unabhängig*, falls für je zwei Knoten $u, v \in V'$ gilt, dass $(u, v) \notin E$.

Es sei das folgende Problem definiert:

$$\text{INDEPENDENT-SET} := \left\{ \langle G, k\rangle \;\middle|\; \begin{array}{l} G \text{ hat eine unabhängige} \\ \text{Knotenmenge mit } \geq k \\ \text{Knoten} \end{array} \right\}.$$

Zeigen Sie, dass INDEPENDENT-SET NP-vollständig ist. ◀

⋆ **Übungsaufgabe[L] 38.** Eine Knotenmenge $V' \subseteq V$ heißt *Knotenüberdeckung*, falls für jede Kante $(u, v) \in E$ gilt, dass $u \in V'$ oder $v \in V'$.

Es sei das folgende Problem definiert:

$$\text{VERTEX-COVER} := \left\{ \langle G, k\rangle \;\middle|\; \begin{array}{l} G \text{ hat eine Kno-} \\ \text{tenüberdeckung mit} \\ \leq k \text{ Knoten.} \end{array} \right\}.$$

Zeigen Sie, dass VERTEX-COVER NP-vollständig ist. ◀

⋆ **Übungsaufgabe[L] 39.** Ist $G = (V, E)$ ein ungerichteter Graph, so nennt man eine Menge von Knoten $D \subseteq V$ genau dann *dominierende Menge* von G, falls für alle Knoten $v \in V \setminus D$ ein Knoten $d \in D$ existiert mit $(d, v) \in E$. Es sei

$$\text{DOMINATING-SET} := \left\{ \langle G, k\rangle \;\middle|\; \begin{array}{l} G = (V, E) \text{ ist ein ungerichte-} \\ \text{ter Graph, der eine dominie-} \\ \text{rende Menge } D \subseteq V \text{ besitzt} \\ \text{mit } |D| \leq k \end{array} \right\}.$$

Zeigen Sie, dass DOMINATING-SETein NP-vollständiges Problem ist. ◀

Übungsaufgabe[L] 40. Zeigen Sie: Für feste $k \in \mathbb{N}$ liegt das Problem ⋆

$$\text{VERTEX-COVER}_k := \left\{ \langle G \rangle \;\middle|\; \begin{array}{l} G \text{ ist ein ungerichteter} \\ \text{Graph und hat eine Kno-} \\ \text{tenüberdeckung mit} \leq k \\ \text{Knoten.} \end{array} \right\}$$

in P. Ist VERTEX-COVER_k oder VERTEX-COVER allgemeiner definiert? ◀

Übungsaufgabe 41. Betrachten wir die Sprache ⋆

$$\text{HALF-CLIQUE} := \left\{ \langle G \rangle \;\middle|\; \begin{array}{l} G := (V, E) \text{ ist ein ungerichteter} \\ \text{Graph, welcher eine Clique der} \\ \text{Größe mindestens } \dfrac{|V|}{2} \text{ hat} \end{array} \right\}.$$

Zeigen Sie, dass HALF-CLIQUE NP-vollständig ist. ◀

Übungsaufgabe 42. Gegeben sei die Sprache

$$\textsf{NON-TAUT} := \left\{ \langle \varphi \rangle \;\middle|\; \begin{array}{l} \text{ist eine erfüllbare aussagenlogische For-} \\ \text{mel und keine Tautologie} \end{array} \right\}.$$

Zeigen Sie: NON-TAUT ist NP-vollständig. ◀

Übungsaufgabe 43. Betrachten wir die Sprache ⋆

$$\text{EvenHAMCIRC} := \left\{ \langle G \rangle \;\middle|\; \begin{array}{l} G \text{ ist ein gerichteter Graph,} \\ \text{der einen Kreis } \textit{gerader Länge} \\ \text{enthält, der jeden Knoten des} \\ \text{Graphen genau einmal besucht} \end{array} \right\}.$$

Zeigen Sie: EvenHAMCIRC ist NP-vollständig. ◀

Übungsaufgabe 44. Zeigen Sie, dass das Hamilton'sche Pfadproblem für *ungerichtete* Graphen ⋆

$$\text{UHAMPATH} := \left\{ \langle G, s, t \rangle \;\middle|\; \begin{array}{l} G \text{ ist ungerichteter Graph, der} \\ \text{einen Hamiltonschen Pfad von } s \\ \text{nach } t \text{ besitzt} \end{array} \right\}$$

NP-vollständig ist. ◀

⋆⋆ **Übungsaufgabe[L] 45.** Es sei φ eine aussagenlogische Formel in 3-KNF. Eine Belegung der Variablen in φ, die in jeder Klausel von φ ein Literal mit dem Wert *wahr* und eines mit dem Wert *falsch* belegt, nennen wir *ungleiche Belegung für* φ. Eine ungleiche Belegung für φ ist demnach eine erfüllende Belegung für φ, die in keiner Klausel alle dort auftretenden Literale gleichzeitig erfüllt.

a) Zeigen Sie, dass die Negation[1] jeder ungleichen Belegung ebenfalls eine ungleiche Belegung ist.

b) Es sei

$$\text{NAE-3SAT} := \left\{ \langle\varphi\rangle \;\middle|\; \begin{array}{l}\varphi \text{ ist eine aussagenlogische For-}\\ \text{mel in 3-KNF, die eine ungleiche}\\ \text{Belegung besitzt.}\end{array} \right\}.$$

Zeigen Sie mit Hilfe von a), dass 3SAT $\leq_m^{\mathrm{P}}$ NAE-3SAT. ◀

⋆⋆⋆ **Übungsaufgabe 46.** Aus Übungsaufgabe 45 kennen Sie bereits den Begriff ungleicher Belegungen. Eine aussagenlogische Formel φ heißt in *positiver* 3-KNF, wenn sie in 3-KNF ist und alle Variablen in φ ausschließlich positiv vorkommen, d.h. keine Variable negiert vorkommt. Es sei

$$\text{POSITIVE-NAE-3SAT} := \left\{ \langle\varphi\rangle \;\middle|\; \begin{array}{l}\varphi \text{ ist eine aussagenlogische}\\ \text{Formel in positiver 3-KNF,}\\ \text{die eine ungleiche Belegung}\\ \text{besitzt}\end{array} \right\}.$$

Zeigen Sie: NAE-3SAT $\leq_m^{\mathrm{P}}$ POSITIVE-NAE-3SAT. ◀

⋆⋆⋆ **Übungsaufgabe 47.** Ist S eine Menge, dann heißt eine Funktion $f\colon S \to \{0,1\}$ *Zweifärbung* von S. Ist f eine Zweifärbung einer Menge S, so heißt $U \subseteq S$ *mehrfarbig* unter f, falls es $x, y \in U$ gibt mit $f(x) \neq f(y)$. Es sei

$$\text{SET-SPLITTING} := \left\{ \langle S,\mathcal{T}\rangle \;\middle|\; \begin{array}{l} S \text{ ist eine endliche Menge, } \mathcal{T} \text{ ist}\\ \text{eine Menge von Teilmengen von}\\ S \text{ (also } \mathcal{T} \subseteq \mathcal{P}(S)) \text{ und es gibt}\\ \text{eine Zweifärbung } f \text{ von } S, \text{ sodass}\\ \text{alle Mengen } U \in \mathcal{T} \text{ mehrfarbig}\\ \text{unter } f \text{ sind}\end{array} \right\}.$$

[1] Ist Θ eine Belegung, so ist die Negation von Θ die Belegung, in der alle Variablen, die unter Θ den Wert *wahr* erhalten, mit *falsch* belegt werden und umgekehrt.

Zeigen Sie, dass SET-SPLITTING NP-vollständig ist.

Hinweis: Reduzieren Sie von POSITIVE-NAE-3SAT aus. ◄

5.2. Numerische Probleme

Satz 22. SUBSET-SUM ist NP-vollständig. ◄

Die Beweisidee ist diesmal das Verwenden einer speziellen Zahlenbasis. Wir reduzieren wieder von 3SAT aus. Für jedes Literal gibt es ein Geldstück, das anzeigt, welche zugehörige Variable gemeint ist und welche Klauseln davon erfüllt werden. In der Gesamtsumme wollen wir alle Klauseln erfüllen und nur immer genau ein Literal (von den beiden möglichen) erfüllen.

Beweis Mitgliedschaft in NP haben wir bereits gesehen. Nun zeigen wir noch die NP-Schwere über 3SAT $\leq_m^{\mathrm{P}}$ SUBSET-SUM.

Wieso wird hier gerade die Basis von 6 benötigt?

Sei $\varphi = \bigwedge_{j=1}^{k} C_j$ eine Formel in 3KNF über Variablen $x_1, \ldots, x_n$. Wir definieren nun folgende Hexalzahlen (d. h., Zahlen zur Basis 6) mit jeweils $k+n$ Ziffern:

$$a_i = a_{i1}a_{i2}\cdots a_{ik}\underbrace{0\cdots0}_{i-1}1\underbrace{0\cdots0}_{n-i} \text{ mit } a_{ij} = \begin{cases} 1 & \text{, falls } x_i \in C_j, \\ 0 & \text{, sonst} \end{cases}$$

$$a'_i = a'_{i1}a'_{i2}\cdots a'_{ik}\underbrace{0\cdots0}_{i-1}1\underbrace{0\cdots0}_{n-i} \text{ mit } a'_{ij} = \begin{cases} 1 & \text{, falls } \overline{x}_i \in C_j, \\ 0 & \text{, sonst} \end{cases}$$

$$b_j = b'_j = \underbrace{0\cdots0}_{j-1}1\underbrace{0\cdots0}_{k-j}\underbrace{0\cdots0}_{n}$$

$$t = \underbrace{3\cdots3}_{k}\underbrace{1\cdots1}_{n},$$

wobei $1 \leq j \leq k$ und $1 \leq i \leq n$. Nun gilt:

$$\begin{aligned} \langle\varphi\rangle \in \text{3SAT} &\Rightarrow \text{es gibt eine Belegung von } x_1, \ldots, x_n \text{ die } \varphi \text{ erfüllt} \\ &\Rightarrow \text{es existiert } I \subseteq \{a_1, \ldots, a_n, a'_1, \ldots, a'_n\} \\ &\quad\ \text{mit } a_i \in I \Leftrightarrow a'_i \notin I \text{ und} \end{aligned}$$

$$\sum_{x \in I} x = c_1 c_2 \cdots c_k \underbrace{1 \cdots 1}_{n} \text{ (in Hexaldarstellung)}$$

für gewisse $c_1, \ldots, c_k \in \{1, 2, 3\}$.

Wähle $a_i \in I$ gdw. obige Belegung setzt $x_i = 1$.

$\Rightarrow \exists I \subseteq \{a_1, \ldots, a_n, a'_1, \ldots, a'_n, b_1, \ldots, b_k, b'_1, \ldots, b'_k\}$ mit $\sum_{x \in I} x = t$

$\Rightarrow \langle a_1, \ldots, b'_k, t \rangle \in$ SUBSET-SUM

Umgekehrt gilt:

$\langle a_1, \ldots, b'_k, t \rangle \in$ SUBSET-SUM

$\Rightarrow$ es existiert $I \subseteq \{a_1, \ldots, b'_k\}$, sodass $\sum_{x \in I} x = t$ (Beachte: keine Überträge treten auf, da Summe für alle Positionen ≤ 5)

$\Rightarrow a_i \in I$ gdw. $a'_i \notin I$ (sonst nicht Summe 1 an Pos. $k + i$) und $\sum_{x \in \hat{I}} x = c_1 \cdots c_k \underbrace{1 \cdots 1}_{n}$ für $\hat{I} = I \cap \{a_1, \ldots, a_n, a'_1, \ldots, a'_n\}$ und für geeignete $c_1, \ldots, c_k \in \{1, 2, 3\}$

$\Rightarrow$ Belegung via $x_i = 1$ gdw. $a_i \in \hat{I}$ für $1 \leq i \leq k$, erfüllt φ

$\Rightarrow \langle \varphi \rangle \in$ 3SAT

Die definierte Abbildung $f\colon \langle \varphi \rangle \mapsto \langle a_1, \ldots, b'_k, t \rangle$ ist in Zeit $O(n \cdot (k+n))$ berechenbar, also in P. Damit ist SUBSET-SUM insgesamt NP-vollständig. ■

Das folgende Problem spielt immer eine Rolle, wenn man eine Menge von Elementen in zwei exakt gleich große Teile aufteilen möchte.

Satz 23. Das Problem

$$\text{PART} = \left\{ \langle a_1, \ldots, a_n \rangle \;\middle|\; \begin{array}{l} n, a_1, \ldots, a_n \in \mathbb{N} \text{ und } \exists I \subseteq \{1, \ldots, n\}, \\ \text{sodass } \sum_{i \in I} a_i = \sum_{i \notin I} a_i \end{array} \right\}$$

ist NP-vollständig. ◄

Beweis Die Mitgliedschaft in NP kann man über das Zertifikat der Teilmenge I zeigen. Hier müssen nur die beiden Summen gebildet werden (in Linearzeit).

Für die NP-Schwere zeigen wir SUBSET-SUM $\leq_m^{\mathrm{P}}$ PART. Die Reduktion funktioniert wie folgt:

$$
\begin{aligned}
&\langle a_1, \ldots, a_n, t\rangle \in \text{SUBSET-SUM}\\
&\Leftrightarrow \left\langle a_1, \ldots, a_n, \sum_{i=1}^{n} a_i + 1, t + \sum_{i=1}^{n} a_i + 1 \right\rangle \in \text{SUBSET-SUM}\\
&\Leftrightarrow \exists I \subseteq \{1, \ldots, n\} : \sum_{i \in I} a_i + \sum_{i=1}^{n} a_i + 1 = t + \sum_{i=1}^{n} a_i + 1\\
&\quad\ \text{und} \sum_{i \notin I} a_i = \sum_{i=1}^{n} a_i - t \qquad \left(\text{da} \sum_{i \in I} a_i = \sum_{i=1}^{n} a_i - \sum_{i \notin I} a_i\right)\\
&\Leftrightarrow \exists I \subseteq \{1, \ldots, n\} : \sum_{i \in I} a_i + \sum_{i=1}^{n} a_i + 1 = t + \sum_{i=1}^{n} a_i + 1\\
&\quad\ \text{und} \sum_{i \notin I} a_i + 2t + 1 = \sum_{i=1}^{n} a_i - t + 2t + 1 = \sum_{i=1}^{n} a_i + t + 1\\
&\Leftrightarrow \left\langle a_1, \ldots, a_n, \sum_{i=1}^{n} a_i + 1, 2t + 1 \right\rangle \in \text{PART}
\end{aligned}
$$

Also erhalten wir durch die Abbildung $f\colon \langle a_1, \ldots, a_n, t\rangle \mapsto \langle a_1, \ldots, a_n, \sum_{i=1}^{n} a_i{+}1, 2t{+}1\rangle$ eine Reduktion von SUBSET-SUM auf PART. Sie kann in Linearzeit berechnet werden. Also ist PART auch NP-vollständig. ■

Das folgende Problem ist relevant, wenn Lieferunternehmen ihre Ladungen verstauen. Bei der Definition des Problems denken Sie sich Folgendes. Sie wollen einen Rucksack (engl. knapsack) packen und weisen jedem Gegenstand ein Gewicht und einen Nutzen zu. Dazu gibt es eine Zahl, die anzeigt wie viel Sie maximal tragen können und ein anderer Wert gibt an, welchen Mindestnutzen Sie erreichen wollen.

Satz 24. Das Problem

$$\text{KNAPSACK} = \left\{ \left\langle \begin{matrix} a_1, \ldots, a_n, \\ v_1, \ldots, v_n, \\ s, m \end{matrix} \right\rangle \,\middle|\, \begin{matrix} n, a_1, \ldots, a_n, v_1, \ldots, v_n, s, \\ m \in \mathbb{N} \text{ und } \exists I \subseteq \{1, \ldots, n\}, \\ \text{mit } \sum_{i \in I} a_i \leq s \text{ und } \sum_{i \in I} v_i \geq m \end{matrix} \right\}$$

ist NP-vollständig. ◀

Die Beweisidee ist wieder ähnlich wie beim letzten Satz. Wir formen die SUBSET-SUM-Instanz durch einen kleinen Schritt so um, dass wir eine KNAPSACK-Instanz erhalten.

Beweis Mitgliedschaft in NP wird durch das Zertifikat gezeigt, welches die gewählten Gegenstände angibt.

Für die NP-Schwere zeigen wir SUBSET-SUM $\leq_m^{\mathrm{P}}$ KNAPSACK:

$$\begin{aligned} \langle a_1, \ldots, a_n, t \rangle \in{} & \text{SUBSET-SUM} \\ & \Leftrightarrow \exists I \subseteq \{1, \ldots, n\} : \sum_{i \in I} a_i = t \\ & \Leftrightarrow \exists I \subseteq \{1, \ldots, n\} : \sum_{i \in I} a_i \leq t \wedge \sum_{i \in I} a_i \geq t \\ & \Leftrightarrow \langle a_1, \ldots, a_n, a_1, \ldots, a_n, t, t \rangle \in \text{KNAPSACK} \end{aligned}$$

Die Abbildung $f\colon \langle a_1, \ldots, a_n, t \rangle \mapsto \langle a_1, \ldots, a_n, t \rangle$ kann in Linearzeit berechnet werden. Also ist KNAPSACK insgesamt NP-vollständig. ■

Als letztes NP-vollständige Problem schauen wir uns das „Umzugsproblem" BIN-PACKING an. Hierbei geht es um das Aufteilen von n Objekten in höchstens K Kisten.

Satz 25. Das Problem BIN-PACKING, definiert als

$$\left\{ \langle a_1, \ldots, a_n, K \rangle \,\middle|\, \begin{matrix} n, K \in \mathbb{N}, a_1, \ldots, a_n \in \mathbb{Q} \cap [0,1] \text{ und es gibt} \\ \text{Partitionierung } I_1 \uplus I_2 \uplus \cdots \uplus I_K = \{1, \ldots, n\} \\ \text{mit } \sum_{i \in I_j} a_i \leq 1 \text{ für } 1 \leq j \leq K \end{matrix} \right\},$$

ist NP-vollständig. ◀

Wir reduzieren von PART aus und passen die Elementwerte so an, dass wir echte Brüche erhalten und die BIN-PACKING-Eigenschaft erzeugen.

Beweis Mitgliedschaft in NP folgt aus dem einfachen Überprüfen einer gegebenen Aufteilung.

NP-Schwere zeigen wir über PART $\leq_m^P$ BIN-PACKING wie folgt

$$\begin{aligned}
&\langle a_1, \ldots, a_n \rangle \in \text{PART} \\
&\qquad \Leftrightarrow \exists I \subseteq \{1, \ldots, n\} : \sum_{i \in I} a_i = \sum_{i \notin I} a_i \\
&\qquad \Leftrightarrow \exists I \subseteq \{1, \ldots, n\} : \frac{\sum_{i \in I} a_i}{\sum_{i=1}^n a_i} = \frac{\sum_{i \notin I} a_i}{\sum_{i=1}^n a_i} = \frac{1}{2} \\
&\qquad \Leftrightarrow \exists I \subseteq \{1, \ldots, n\} : 2\frac{\sum_{i \in I} a_i}{\sum_{i=1}^n a_i} = 2\frac{\sum_{i \notin I} a_i}{\sum_{i=1}^n a_i} = 1 \\
&\qquad \Leftrightarrow \left\langle \frac{2a_1}{\sum_{i=1}^n a_i}, \ldots, \frac{2a_n}{\sum_{i=1}^n a_i}, 2 \right\rangle \in \text{BIN-PACKING}
\end{aligned}$$

Die Abbildung $f\colon \langle a_1, \ldots, a_n \rangle \mapsto \left\langle \frac{2a_1}{\sum_{i=1}^n a_i}, \ldots, \frac{2a_n}{\sum_{i=1}^n a_i}, 2 \right\rangle$ kann in Linearzeit berechnet werden. Also ist BIN-PACKING NP-vollständig. ■

Übungsaufgaben

Übungsaufgabe 48. Gegeben sei das Problem ℕ-BIN-PACKING definiert durch ⋆⋆

$$\left\{ \langle a_1, \ldots, a_n, m, K \rangle \;\middle|\; \begin{array}{l} n, m, K, a_1, \ldots, a_n \in \mathbb{N} \text{ und es gibt} \\ \text{Partitionierung } I_1 \uplus I_2 \uplus \cdots \uplus I_K = \\ \{1, \ldots, n\} \text{ mit } \sum_{i \in I_j} a_i \leq m \text{ für } 1 \leq \\ j \leq K \end{array} \right\}.$$

(i) Was ist der Unterschied zu normalem BIN-PACKING?

(ii) Zeigen Sie, dass das Problem NP-vollständig ist. ◀

Übungsaufgabe 49. Zeigen Sie, dass die folgende Reduktion gilt: ℕ-BIN-PACKING $\leq_m^P$ SUBSET-SUM. ⋆⋆ ◀

Oft ist es der Fall, dass eine Reduktion auf den ersten Blick korrekt scheint, jedoch am Ende sich als fehlerhaft herausstellt. Im Folgenden wollen wir ein Problem und mehrere *falsche* Reduktionen betrachten.

⋆⋆⋆ **Übungsaufgabe^{L} 50.** Betrachten wir das Problem

$$\text{HALF-SAT} := \left\{ \langle\varphi\rangle \;\middle|\; \begin{array}{l} \varphi \text{ ist eine aussagenlogische Formel und} \\ \text{mindestens die Hälfte der Belegungen} \\ \text{von } \varphi \text{ erfüllt } \varphi. \end{array} \right\}$$

Zunächst bemerken wir, dass es nicht bekannt ist, ob HALF-SAT in der Klasse NP liegt. Jedoch kann man zeigen, dass das Problem NP-schwer ist. Welche der folgenden Reduktionen ist korrekt und zeigt die NP-Schwere von HALF-SAT. Welche ist nicht korrekt, und warum? Geben Sie in Ihrer Argumentation jeweils die Anzahl aller Belegungen und die Anzahl der erfüllenden Belegungen an!

Folgend sei φ eine aussagenlogische Formel mit den Variablen $x_1, \ldots, x_n$ und die z_i sind immer neue Variablen. Wir behaupten SAT $\leq_m^{\mathrm{P}}$ HALF-SAT via

(i) $\varphi \mapsto \varphi \wedge \bigvee_{i=1}^{n}(z_i \vee \overline{z_i})$.

(ii) $\varphi \mapsto \varphi \vee z_1$.

(iii) $\varphi \mapsto \varphi \vee \bigvee_{i=1}^{n} z_i$.

(iv) $\varphi \mapsto \varphi \wedge z_1$.

(v) $\varphi \mapsto (\varphi \wedge z_1) \vee (\overline{z_1} \wedge \bigvee_{i=1}^{n} x_i)$.

(vi) $\varphi \mapsto \varphi \wedge (z_1 \vee \overline{z_1})$.

(vii) $\varphi \mapsto \varphi \wedge (z_1 \vee z_2)$. ◀

5.3. Mahaney's Theorem

In diesem Abschnitt beschäftigen wir uns nun mit einem bemerkenswerten Resultat in Bezug auf die P-NP-Frage. Dieses Resultat wurde von Stephen R. Mahaney 1980 bewiesen: Schafft man es, die NP-Vollständigkeit für ein Problem zu zeigen, welches nur polynomiell viele Lösungen hat, dann gilt P = NP. Diese bestimmte Klasse von Problemen ist unter dem Namen SPARSE bekannt.

Definition 16. SPARSE ist die Menge von Entscheidungsproblemen, für welche die Anzahl von „Ja"-Instanzen der Länge n nach oben durch ein Polynom in n beschränkt ist.

TALLY ist die Menge von Entscheidungsproblemen, sodass jede „Ja"-Instanz die Form 0^n hat (d. h., Eingaben sind unär kodiert).◂

Es gibt eine große Fülle von Problemen, die durch eine SPARSE-Menge beschrieben werden können. Zum Beispiel können Halteprobleme sehr *sparse* gemacht werden. Das Besondere hierbei ist, dass SPARSE-Sprachen von einem kombinatorischen Aspekt sehr einfach sind. Man kann daher eine solche Menge als eine Menge mit wenig Information bezeichnen.

Satz 26. Sei $c \in \mathbb{N}$ eine Konstante und A eine Sprache, sodass für alle n A höchstens n^c viele Wörter der Länge n enthält, d. h. $A \in$ SPARSE. Wenn A NP-vollständig ist, dann folgt P = NP. ◂

Mahaney's Theorem

Die Idee von dem folgenden Beweis ist die Konstruktion einer speziellen SAT-Menge. Von dieser Menge kann man schnell sehen, dass sie auch NP-vollständig ist. Anschließend zeigen wir, wie man in Polynomialzeit diese Menge mit Hilfe von der Sprache A entscheiden kann.

Beweis Wir definieren die Links-Menge LSAT von SAT wie folgt:

$$\mathrm{LSAT} = \left\{ \langle \varphi, w \rangle \,\middle|\, \begin{array}{l} \varphi \text{ besitzt erfüllende Belegung } \theta \text{ mit } \theta \leq w \text{ in} \\ \text{lexikographischer Reihenfolge} \end{array} \right\}.$$

Im Folgenden sei bemerkt, dass die Belegungen w nicht zwingend erfüllende Belegungen von φ sein müssen.

Angenommen φ ist erfüllbar und sei θ' die lexikographisch kleinste erfüllende Belegung. Dann gilt $(\varphi, w) \in$ LSAT gdw. $w \geq \theta'$.

Warum ist LSAT NP-vollständig?

Da LSAT $\in$ NP, gibt es eine Reduktionsfunktion f, welche LSAT auf A in Polynomialzeit Karp-reduziert, d. h. $(\varphi, w) \in$ LSAT gdw. $f(\varphi, w) \in A$.

Nun halte ein φ fest, sei $n = |\varphi|$ und sei $m = n^k$ eine obere Schranke für die Anzahl der Wörter in A von beliebiger Länge, welche $f(\varphi, w)$ berechnen könnte. Wähle nun

$$w_0 < w_1 < \cdots < w_m < w_{m+1}$$

gleichmäßig voneinander verteilt. Definiere $z_i = f(\varphi, w_i)$ für jedes $1 \leq i \leq m + 1$. Also gilt nun $\langle \varphi, w_i \rangle \in$ LSAT $\Leftrightarrow z_i \in A$. Beachte,

$\langle \varphi, w_i \rangle \in$ LSAT gdw. $z_i \in A$

dass, wenn z_i in A liegt, dann ist z_j auch in A für alle $j \geq i$, da es dann eine erfüllende Belegung $\theta \leq w_i < w_j$ gibt.

Betrachten wir nun die z_i's genauer:

Fall 1: $z_i = z_j$ gilt für ein $j > i$. Daraus folgt, dass θ' nicht zwischen w_i und w_j liegen kann.

Fall 2: Alle z_i sind verschieden. Da es nur m Elemente in A gibt, folgt sofort, dass z_1 nicht in A liegen kann (da sonst $m + 1$ Elemente in A enthalten wären) und θ' kann damit nicht zwischen w_0 und w_1 sein.

Wir sehen, in jedem Fall können wir einen $\frac{1}{m+1}$-Anteil der möglichen Belegungen eliminieren.

Diesen Prozess verfolgen wir nun weiter und verteilen wieder die w_i gleichmäßig über die übrig gebliebenen Belegungen und eliminieren wieder einen $\frac{1}{m+1}$-Anteil dieser Belegungen. Dieses Verfahren wiederholen wir $O(m \cdot n)$ mal bis wir eine Menge S von $m + 1$ möglichen Belegungen erhalten.

Wenn φ erfüllbar ist, dann ist θ' in S enthalten, womit es mindestens eine φ erfüllende Belegung in S gibt. Wenn φ unerfüllbar ist, dann erfüllt keine der Belegungen in S die Formel φ.

Indem wir alle Belegungen aus S probieren und sehen, ob sie φ erfüllen oder nicht, erhalten wir einen Polynomialzeit-Algorithmus, um zu bestimmen, ob φ erfüllbar ist. Damit folgt LSAT $\in$ P woraus P $=$ NP folgt. ■

Korollar 3. Wenn TALLY ein NP-vollständiges Problem L enthält, dann gilt P $=$ NP. ◄

Cai, Sivakumar

Satz 27. Wenn es eine Sprache $A \in$ SPARSE gibt und A ist P-vollständig, dann gilt P $=$ L. ◄

5.4. Rezepte

Abschließend betrachten wir noch eine Art von Rezept, um einen NP-Vollständigkeitsbeweis zu führen bzw. NP-Schwere für ein Problem zu zeigen. Dieses Rezept soll einen dabei unterstützen sich zu merken, welche Schritte in einem solchen jeweiligen Beweis vollzogen werden müssen.

Rezept NP-Vollständigkeit

Gegeben: Problem A
Aufgabe: Zeige, dass A NP-vollständig ist.

(i) Zeige $A \in \mathrm{NP}$ über
- Polynomielle Überprüfbarkeit, oder
- $A \leq_m^{\mathrm{P}} B$ und $B \in \mathrm{NP}$ bekannt, oder
- Nichtdeterministische Turingmaschine.

(ii) Zeige A ist NP-schwer über
- $B \leq_m^{\mathrm{P}} A$ und B ist als NP-schwer bekannt, oder
- $B \leq_m^{\mathrm{P}} A$ für alle $B \in \mathrm{NP}$ als generische Reduktion.

Rezept NP-Schwere

Gegeben: Problem A
Aufgabe: Zeige, dass A NP-schwer ist.

(i) Finde bekanntes NP-schweres Problem B, „ähnlich“ zu A.

(ii) Konstruiere Reduktionsfunktion f, die Instanzen von B auf Instanzen von A umformt.
- Zeige, dass f in Polynomialzeit von einer DTM berechnet werden kann.
- Zeige, dass $x \in B$ gilt genau dann, wenn $f(x) \in A$ gilt.

Ein typischer NP-Schwere-Beweis

Wir zeigen, dass A NP-schwer ist über die Reduktion $B \leq_m^{\mathrm{P}} A$. Da B bereits ein NP-schweres Problem ist, folgt aus der Transitivität von $\leq_m^{\mathrm{P}}$, dass für alle Probleme $C \in \mathrm{NP}$ auch $C \leq_m^{\mathrm{P}} A$ gilt. Nun geben wir konkret die Reduktionsfunktion f an, welche Instanzen aus B auf Instanzen aus A umformt:

$$f(x) := \cdots$$

Nun zeigen wir, dass $x \in B \Rightarrow f(x) \in A$ gilt: $\cdots$

Nun zeigen wir, dass $x \notin B \Rightarrow f(x) \notin A$ gilt: $\cdots$

Insgesamt folgt also: $x \in A \Leftrightarrow f(x) \in B$. Die Reduktion f ist in Polynomialzeit berechenbar, weil ....

Insgesamt ist A damit NP-schwer. □

Was haben wir in diesem Kapitel gesehen?

In diesem Kapitel haben wir eine große Fülle verschiedenster Reduktionen gesehen. Zum einen waren es Reduktionen, die untereinander nur „umgerechnet“ haben. Ein anderer Teil war die Übertragung zwischen wirklich verschiedenen Sprachen, wie Formeln und Graphen, oder Formeln und Zahlenmengen. Außerdem haben wir mit Mahaney's Theorem einen Ansatz gesehen, wie man auch die P-NP-Problematik angehen könnte.

Welche Aussagen sind richtig, welche falsch?

- Es gilt 3SAT $\leq_m^{\mathrm{P}}$ PART. ✓ ×
- Die in der Reduktion von 3SAT auf SUBSET-SUM konstruierten Zahlen sind Binärzahlen. ✓ ×
- Bei dem Problem KNAPSACK werden disjunkte Vereinigungen von Zahlen gesucht. ✓ ×
- Die Instanzen von Sprachen in der Klasse TALLY sind unär kodiert. ✓ ×
- Es gilt: SAT $\leq_m^{\mathrm{P}}$ CLIQUE und CLIQUE $\leq_m^{\mathrm{P}}$ SAT. ✓ ×

Weiterführende Literatur

- CLIQUE
  - (Sipser, 2012, S.302–303)
  - (Papadimitriou, 1993, S.190)
  - (Garey & Johnson, 1979, S.53–56)
- HAMPATH
  - (Sipser, 2012, S.314–318)
  - (Papadimitriou, 1993, S.193–197)
  - (Hopcroft et al., 2002, S.461–466)
  - (Garey & Johnson, 1979, S.56–60)
- HAMCIRC

  - (Sipser, 2012, S.304–311)
  - (Hopcroft et al., 2002, S.466–469)
  - (Garey & Johnson, 1979, S.56–60)
- TSP
  - (Sipser, 2012, S.304–311)
  - (Papadimitriou, 1993, S.198)
  - (Hopcroft et al., 2002, S.469)
- SUBSET-SUM (Sipser, 2012, S.320-322)
- PART (Garey & Johnson, 1979, S.60–62)
- BIN-PACKING
  - (Papadimitriou, 1993, S.204–206)
  - (Garey & Johnson, 1979, S.124)
- Mahaney's Theorem
  - (Fortnow, 2011)
  - (Mahaney, 1980)
  - (Ogiwara & Watanabe, 1991)
  - (Cai & Sivakumar, 1999)

Lösungen zu Kapitel 5

Lösung zu Aufgabe 36 von Seite 104

Zuerst zeigen wir SGI $\in$ NP. Das gesuchte Zertifikat ist in diesem Fall eine Funktion f, welche H auf einen Teilgraphen von G abbildet. Folgender Algorithmus überprüft dann SGI polynomiell:

Eingabe: Graphen G, H, Funktion f, die Knoten von H auf Knoten von G abbildet

```
for jede Zelle h_{i,j} do
    if h_{i,j} == g_{f(i),f(j)} and g_{f(i),f(j)} unmarkiert then
        markiere g_{f(i),f(j)}.
    else
        verwerfe
akzeptiere
```

Laufzeit: $O(n^4) \in$ P. Wenn man prüft, dass die Funktion f linkseindeutig und linkstotal ist, dann kann man die Markierungen im Algorithmus weglassen.

Nun zeigen wir die NP-Schwere von SGI per Reduktion von CLIQUE. Die Reduktionsfunktion g arbeitet wie folgt:

Wozu benötigen wir hier die Fallunterscheidung?

$$\langle G, k\rangle \mapsto \begin{cases} \langle G, H\rangle & \text{, wenn } k \leq |G| \\ \langle \emptyset, \emptyset, (\{v_1\}, \emptyset\rangle & \text{, sonst} \end{cases},$$

mit G ein ungerichteter Graph, $k \in \mathbb{N}$ und H ein vollständiger Graph mit k Knoten.

Nun bleibt zu zeigen: $\langle G, k\rangle \in$ CLIQUE $\Leftrightarrow g(\langle G, k\rangle) \in$ SGI.

$$\begin{aligned} \langle G, k\rangle \in \text{CLIQUE} &\Leftrightarrow \text{G ist ungerichteter Graph, der eine Clique der Größe k enthält.} \\ &\Leftrightarrow \text{G ist ungerichteter Graph,} \\ &\Leftrightarrow \text{der als Teilgraph einen k-vollständigen Graphen enthält.} \\ &\Leftrightarrow \text{G besitzt einen k-vollständigen Teilgraphen, der isomorph zu einem k-vollständigen Graphen H ist.} \\ &\Leftrightarrow g(\langle G, k\rangle) \in \text{SGI} \end{aligned}$$

Die Reduktionsfunktion ist total und in Polynomialzeit in Abhängigkeit zur ursprünglichen Eingabe berechenbar, da für jede Eingabe $k \in \mathbb{N}$ in Zeit $O(k^2)$ ein vollständiger Graph mit k Knoten erzeugt werden kann. ◀

Lösung zu Aufgabe 37 von Seite 104
Zuerst zeigen wir INDEPENDENT-SET $\in$ NP.

Eingabe: Graph $G = (V, E)$, $k \in \mathbb{N}$, $V' \subseteq V$.
if $k > |V'|$ **then**
    verwerfe
for $u \in V'$ **do**
    for $v \in V'$ **do**
        if $(u, v) \in E$ **then**
            verwerfe
akzeptiere

Die Laufzeit ist $O(|V|^2 \cdot |E|)$ und damit polynomiell in Abhängigkeit zu $|G, k|$. Also INDEPENDENT-SET $\in$ NP.

Nun suchen wir ein NP-vollständiges Problem, dass wir auf INDEPENDENT-SET reduzieren können. Hierzu folgende Beobachtung: Besitzt ein Graph G eine Clique der Größe k, so enthält er einen k-vollständigen Teilgraphen. Konstruieren wir nun hieraus einen Graphen G', in dem alle Kanten und Nicht-Kanten vertauscht wurden, so gibt es damit einen Teilgraphen der Größe k, in dem kein Knotenpaar miteinander verbunden ist (die ehemalige Clique der Größe k). Damit besitzt G' eine unabhängige Knotenmenge der Größe k. Die Reduktionsfunktion f lautet nun:

$$G, k \mapsto G', k,$$

mit $G := (V, E)$ ungerichteter Graph, $k \in \mathbb{N}$ und $G' = (V, E')$, wobei $E' := \{(u, v) \mid (u, v) \notin E\}$.

Nun gilt:

$\langle G, k \rangle \in$ CLIQUE	$\Leftrightarrow$	G ist ungerichteter Graph, der einen k-vollständigen Teilgraphen besitzt
	$\Leftrightarrow$	G' besitzt eine unabhängige Knotenmenge der Größe k.
	$\Leftrightarrow$	$\langle G', k \rangle \in$ INDEPENDENT-SET

Die angegebene Reduktion ist total und in quadratischer Zeit in Abhängigkeit zur Knotengröße (und damit auch Eingabegröße) von

INDEPENDENT-SET realisierbar. Folglich ist INDEPENDENT-SET NP-vollständig. ◄

Lösung zu Aufgabe 38 von Seite 104
Nun zeigen wir VERTEX-COVER $\in$ NP:

Eingabe: Ungerichteter Graph G, $k \in \mathbb{N}$, $V' \subseteq V$
if $k < |V'|$ **then**
    verwerfe
for $(u, v) \in E$ **do**
    if not($u \in V'$ or $v \in V'$) **then**
        verwerfe
akzeptiere.

Laufzeit ist $O(|E| \cdot |V|)$ und damit polynomiell in Abhängigkeit zu $|G, k|$.
Also VERTEX-COVER $\in$ NP.

Zunächst wieder eine Beobachtung: $\langle G, k\rangle$ ist in IS, gdw. G eine unabhängige Knotenmenge hat mit k (oder mehr) Knoten. Also müssen die übrigen $|V| - k$ (oder weniger) Knoten eine Knotenüberdeckung sein (genaue Begründung siehe unten). Nun reduzieren wir INDEPENDENT-SET auf VERTEX-COVER mit folgender Funktion

$$\langle G, k\rangle \mapsto \langle G, |V| - k\rangle,$$

wobei $G := (V, E)$ ein ungerichteter Graph und $k \in \mathbb{N}$ mit $k \leq |V|$.
Nun bleibt zu zeigen:

$$\langle G, k\rangle \in \text{IND.-SET} \Leftrightarrow \langle G, |V| - k\rangle \in \text{VERTEX-COVER}$$

$\langle G, k\rangle \in$ IS $\Rightarrow \langle G, |V| - k\rangle \in$ VC: Sei U die Menge der k unabhängigen Knoten. Die Menge der übrigen Knoten sei $R = V \backslash U$. Zuerst betrachten wir die unabhängigen Knoten aus U. Alle Knoten $v \in U$ sind untereinander nicht verbunden – es gilt also für $u, v \in U$ immer $(u, v) \notin E$. Also müssen sie mit (einigen) Knoten aus der Menge R verbunden sein (oder sie liegen in einem getrennten Teilgraphen, in dem es dann keine Kanten gibt). Damit gilt für alle Kanten $(u, v) \in E$ mit $u \in U$ außerdem $v \in R$. Für alle übrigen Kanten $(s, t) \in E$ mit $s, t \notin U$ gilt dann $s, t \in R$. Also ist R eine Knotenüberdeckung mit $|R| = |V| - k$ Knoten.

$\langle G, k\rangle \in$ **VC** $\Rightarrow \langle G, |V| - k\rangle \in$ **IS:** Sei M eine Knotenüberdeckung mit $|M| \leq k$.

Behauptung: $V \setminus M$ (mit $|V \setminus M| \geq |V| - k$) ist eine unabhängige Knotenmenge.

Beweis: Angenommen, es gibt $u, v \in V \setminus M$ mit $(u, v) \in E$. Dann folgt aber, dass kein Knoten der Kante (u, v) in M enthalten ist. Dies ist ein Widerspruch dazu, dass M eine Knotenüberdeckung ist.

◀

Lösung zu Aufgabe 39 von Seite 104

Zuerst zeigen wir DOMINATING-SET $\in$ NP mittels folgendem Polynomialzeit-Überprüfungs-Algorithmus (verwendetes Zertifikat ist eine dominierende Menge D):

Eingabe: $\langle\langle G, k\rangle, D\rangle$ mit $G = (V, E)$ und $k \in \mathbb{N}$.

Ist $D \not\subseteq V$ oder $|D| > k$, verwerfe.

for all Knoten $v \in V \setminus D$ **do**

    if es gibt keine Kante $(d, v) \in E$ mit $d \in D$ **then**

        verwerfe

akzeptiere

Laufzeit: $O(|V|) + O(|V|) \cdot O(|E|) \cdot O(|V|) \in O(n^3)$. Also ist DOMINATING-SET in NP.

Nun zeigen wir die NP-Vollständigkeit, indem wir zeigen, dass VERTEX-COVER $\leq_m^{\mathrm{P}}$ DOMINATING-SET. Der Unterschied zwischen den beiden Problemen ist, dass eine *domierende Menge* Knoten überdeckt, wohingegen eine *Knotenüberdeckung* Kanten überdeckt.

Wir benötigen folglich einen Weg, um einen Graphen zu konstruieren, in dem die Knoten die Kanten des vorherigen Graphen repräsentieren. Dies geschieht wie folgt: Sei $\langle G, k\rangle$ eine Instanz für VERTEX-COVER und habe G o.B.d.A. *keine alleinstehenden*, also mit keiner Kante verbundenen, *Knoten*. Erzeuge einen neuen Graphen G' auf der Basis vom Graphen G durch Hinzufügen von neuen Knoten und Kanten: Für jede Kante $(u, v) \in E$ füge einen neuen Knoten x_{uv} und die Kanten (u, x_{uv}) und (x_{uv}, v) zu G' hinzu.

Dann gilt: G' hat eine dominierende Menge D der Größe $k \Leftrightarrow G$ hat eine Knotenüberdeckung C der Größe k.

Beweis: "$\Leftarrow$": Sei C eine Knotenüberdeckung in G der Größe k. Dann werden die alten und neuen Knoten in G' von C dominiert.

"$\Rightarrow$": Sei D eine dominierende Menge der Größe k in G' und o.B.d.A. enthalte D nur "alte" Knoten. Dann berührt jede "alte" Kante einen Knoten aus D. Also ist D eine Knotenüberdeckung der Größe k in G.

Also ist DOMINATING-SET NP-vollständig. ◀

Lösung zu Aufgabe 40 von Seite 105

Die äußere Schleife läuft in konstanter Laufzeit, da es $\binom{n}{k} \in O(n^k)$ solche Teilmengen geben kann. Also ist VERTEX-COVER$_k$ in P.

```
Eingabe: Ungerichteter Graph G = (V, E), k ∈ ℕ
1: for jedes V' ⊆ V, |V'| = k do
2:     isVC ← true
3:     for jede {u, v} ∈ E do
4:         if u ∉ V' and v ∉ V' then
5:             isVC ← false
6:     if isVC then
7:         akzeptiere
8: verwerfe
```

Die `for`-Schleife in Zeile 1 geht alle (konstant vielen) Vertex-Cover Kandidaten durch und prüft anschließend in Zeile 3, ob die jeweilige Menge V' ein Vertex-Cover ist. Ist keine der Teilmengen V' ein Vertex-Cover, wird verworfen (Zeile 8).

VERTEX-COVER$_k$ ist immer eingeschränkt auf feste $k \in \mathbb{N}$, aus diesem Grund ist das Problem auch in Polynomialzeit lösbar. Daher ist VERTEX-COVER das allgemeinere der beiden Probleme; hier ist k ein Teil der Eingabe. ◀

Lösung zu Aufgabe 45 von Seite 106

Reduktion via

$$f: \quad \left\langle \bigwedge_{i=1}^{m} (l_{i1} \vee l_{i2} \vee l_{i3}) \right\rangle \quad \mapsto \quad \left\langle \bigwedge_{i=1}^{m} C'_i \right\rangle,$$

wobei $C'_i := (l_{i1} \vee l_{i2} \vee y_i) \wedge (\neg y_i \vee l_{i3} \vee z)$ (wobei $z, y_1, \ldots, y_m$ neue Variablen sind).

Korrektheit der Reduktion:

$\varphi \in$ 3SAT $\Rightarrow f(\varphi) \in$ NAE-3SAT: Man erhält aus der erfüllenden Belegung für φ eine ungleiche Belegung für $f(\varphi)$ wie folgt: z wird mit *falsch* belegt, alle alten Variablen behalten ihren Wert und die y_i werden passend gewählt: Für alle $i \in \{1, \ldots, m\}$ gilt: y_i ist *wahr* gdw. l_{i1} und l_{i2} beide *falsch* sind.

$f(\varphi) \in$ NAE-3SAT $\Rightarrow \varphi \in$ 3SAT: Wenn $f(\varphi) \in$ NAE-3SAT, dann gibt es nach Teil a) eine ungleiche Belegung von $f(\varphi)$, bei der z mit *falsch* belegt wird. In dieser Belegung gilt für alle $i \in \{1, \ldots, m\}$: Wenn y_i mit *wahr* belegt wird, dann muss auch l_{i3} mit *wahr* belegt werden. Wenn aber y_i mit *falsch* belegt wird, dann muss l_{i1} und/oder l_{i2} mit *wahr* belegt werden. Somit muss also in jedem Fall mindestens eins der Literale l_{i1}, l_{i2} und l_{i3} mit *wahr* belegt werden. Diese ungleiche Belegung für $f(\varphi)$ ist also bereits eine erfüllende Belegung für φ und somit ist $\varphi \in$ 3SAT. ◀

Lösung zu Aufgabe 50 von Seite 112

Betrachten wir die einzelnen Reduktionen genauer.

(i) $\varphi \mapsto \varphi \wedge \bigvee_{i=1}^{n}(z_i \vee \overline{z_i})$:
$f(\phi)$ hat 2^{2n} Belegungen. Wenn ϕ genau eine erfüllende hat, hat $f(\phi)$ nur $2^n - 1$ erfüllende. Dies ist nicht die Hälfte von 2^{2n}.

(ii) $\varphi \mapsto \varphi \vee z_1$:
$f(\phi)$ hat 2^{n+1} Belegungen. Wenn ϕ unerfüllbar ist, gibt es aber schon die Hälfte an erfüllenden.

(iii) $\varphi \mapsto \varphi \vee \bigvee_{i=1}^{n} z_i$:
$f(\phi)$ hat 2^{2n} Belegungen. Wenn ϕ unerfüllbar, dann hat $f(\phi)$ genau $(2^n - 1) \cdot 2^n = 2^{2n} - 2^n$ erfüllende Belegungen. Und das ist leider mindestens die Hälfte.

(iv) $\varphi \mapsto \varphi \wedge z_1$:
$f(\phi)$ hat 2^{n+1} Belegungen. Hat ϕ nur eine erfüllende, hat $f(\phi)$ auch nur eine.

(v) $\varphi \mapsto (\varphi \wedge z_1) \vee (\overline{z_1} \wedge \bigvee_{i=1}^{n} x_i)$:
$f(\phi)$ hat 2^{n+1} Belegungen. Wenn ϕ unerfüllbar ist, hat $f(\phi)$

nur $2^n - 1$ erfüllende Belegungen, also eine zu wenig (was gut ist). Ist ϕ erfüllbar mit $c \geq 1$ Belegungen, dann hat $f(\phi)$ genau $2^n - 1 + c$ erfüllende Belegungen. Dies ist mindestens die Hälfte. Also funktioniert die Reduktion.

(vi) $\varphi \mapsto \varphi \wedge (z_1 \vee \overline{z_1})$:
$f(\phi)$ hat 2^{n+1} erfüllende Belegungen. Hat ϕ genau eine erfüllende Belegung, hat $f(\phi)$ nur 2.

(vii) $\varphi \mapsto \varphi \wedge (z_1 \vee z_2)$:
$f(\phi)$ hat 2^{n+1} erfüllende Belegungen. Hat ϕ genau eine erfüllende Belegung, hat $f(\phi)$ nur 3.

◀

Kurzfragen Lösungen: $\checkmark, \times, \times, \checkmark, \checkmark$.

Teil III.

Approximierbarkeit

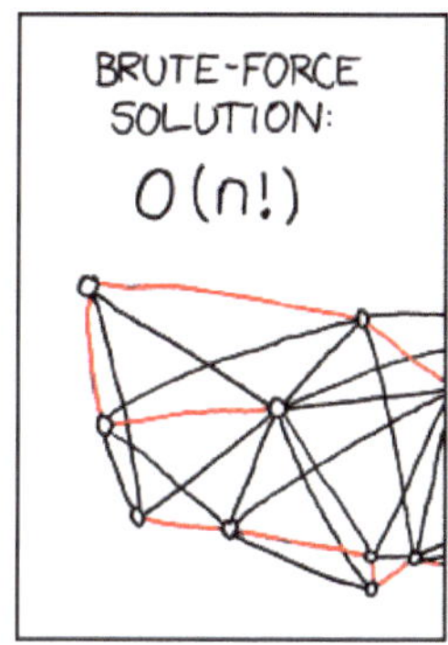

xkcd — Travelling Salesman Problem

Kapitel 6

Optimierung – ein Lichtblick

Lernziele dieses Kapitels

① Ihnen ist klar, warum man Optimierungsprobleme betrachtet.

② Sie können ein Optimierungsproblem definieren.

③ Sie können zeigen, dass ein Optimierungsproblem NP-schwer ist.

④ Sie können zeigen, dass ein Optimierungsproblem in der Klasse PO liegt.

⑤ Sie wissen, was ein Approximatsalgorithmus und seine Performanzrate ist.

Im letzten Abschnitt haben wir gelernt, dass NP-vollständige Probleme zu den nicht effizient lösbaren Problemen gehören (wenn man der durchaus plausiblen Anschauung folgt, dass die Klassen P und NP nicht gleich sind).

„I can't find an efficient algorithm, but neither can all these famous people."
— Garey und Johnson

Nun stellen Sie sich die folgende Situation vor. Sie arbeiten in einer Software-Firma und beschäftigen sich gerade mit einem Algorithmus für ein sehr kniffeliges Problem und kommen nicht wirklich zu einer annehmbaren (effizienten) Lösungsstrategie. Schließlich formalisieren Sie das Problem weiter und können schließlich durch eine Reduktion von BIN-PACKING zeigen, dass das Problem NP-schwer ist. Sie gehen zu Ihrem Chef und erklären ihm die Situation. Dieser wird dann so etwas sagen wie „Das interessiert mich nicht. Finden Sie eine Lösung!" Und was tun Sie nun?

Da es doch recht unwahrscheinlich ist, dass Sie P = NP zeigen können, müssen Sie einen alternativen Ausweg für eine solche Situation haben. Mit dieser Situation beschäftigen wir uns in diesem Kapitel. Die Idee ist, dass Sie nicht unbedingt eine optimale Lösung für Ihr Problem finden werden, sondern eine Lösung, die möglichst nahe an der optimalen liegt!

6.1. Optimierungsprobleme – bis wohin geht's?

Bis jetzt haben wir uns immer mit *Entscheidungsproblemen* beschäftigt – also eine Frage mit „ja" oder „nein" zu beantworten. Nun wollen wir optimieren und benötigen dazu eine formal passende Definition, da wir nicht mehr „ja" / „nein" sagen, sondern über Optimalität sprechen.

Optimierungsproblem

Definition 17. Ein *Optimierungsproblem* $\mathcal{P}$ ist gegeben durch ein Quadrupel

$$\mathcal{P} = (I, s, m, t),$$

wobei:

- I ist die Menge der *Instanzen* von $\mathcal{P}$.
- s (wie engl. solution) ist eine Funktion, die ein $x \in I$ abbildet auf die Menge der *möglichen Lösungen* von x. Sei $\mathcal{S} = \bigcup_{x \in I} s(x)$ die Menge aller möglichen Lösungen.
- $m\colon I \times \mathcal{S} \to \mathbb{N}$ (wie engl. measure) ist die *Maßfunktion*. Dabei ist $m(x, y)$ der *Wert* (das *Maß*, die *Kosten*) der Lösung y zur Instanz $x \in I$, wobei $y \in s(x)$. Es soll $m(x, y)$ immer definiert sein, falls $y \in s(x)$.
- $t \in \{\min, \max\}$ (wie engl. target) ist das *Ziel* von $\mathcal{P}$.

Schreibweise: $I_{\mathcal{P}}, s_{\mathcal{P}}, m_{\mathcal{P}}, t_{\mathcal{P}}$, um anzudeuten, dass es sich um Komponenten des Problems $\mathcal{P}$ handelt. Der Index kann auch weggelassen werden, falls er eindeutig ist. ◀

Bemerkung. Wie schon in Kapitel 3 für Entscheidungsprobleme auf Seite 61 gefordert, wollen wir, dass die Schwierigkeit des Problems nicht in der Kodierung versteckt ist. Im Folgenden wollen wir daher nur noch Optimierungsprobleme betrachten, für die gilt: Es ist in Polynomialzeit entscheidbar, ob eine Eingabe eine gültige Instanz des Problems darstellt, d.h. $I \in \mathrm{P}$.

Betrachten wir die Definition nun einmal an Hand des Handlungsreisenden-Problems.

Beispiel 16. $\mathrm{MinTSP} = (I, s, m, t)$ mit

Problem: Minimum TSP (MinTSP)
Instanzen: $I = \left\{\langle (d_{i,j})_{1 \leq i,j \leq n} \rangle \mid n, d_{i,j} \in \mathbb{N}\right\}$.
Lösungen: $s(D)$ ist die Menge aller Rundreisen in D, d. h. $s(D) = S_n$, die Gruppe der Permutationen von n Elementen.
Maß: $m(D,\pi)$ ist die Länge der Rundreise π in D, d. h. $m(D,\pi) = \sum_{i=1}^{n-1} d_{\pi(i),\pi(i+1)} + d_{\pi(n),\pi(1)}$.
Ziel: $t = \min$.

Geben Sie das Optimierungsproblem MaxCLIQUE an.

Wir sehen hier den direkten Unterschied zur Definition des Entscheidungsproblems

$$\mathrm{TSP} = \left\{ \langle (d_{i,j})_{1 \leq i,j \leq n}, B \rangle \;\middle|\; \begin{array}{l} n, d_{i,j}, B \in \mathbb{N} \text{ und es gibt ein } \pi \in S_n \\ \text{mit } \sum_{i=1}^{n-1} d_{\pi(i),\pi(i+1)} + d_{\pi(n),\pi(1)} \leq B \end{array} \right\}.$$

Im Optimierungsproblem MinTSP taucht das B aus TSP natürlich nicht mehr auf, da das B genutzt wird, um eine ja-nein-Entscheidung herbeizuführen, die wir nun nicht mehr treffen möchten. ◀

Nun müssen wir noch über Optimalität sprechen und wollen anschließend Gegenstücke zu den Entscheidungsklassen P und NP in der Optimierungswelt finden.

Definition 18. Sei $\mathcal{P}$ ein Optimierungsproblem. $y^* \in s_{\mathcal{P}}(x)$ heißt *optimale Lösung* zu x, falls

$$m(x, y^*) = t\,\{m(x,y) \mid y \in s(x)\}.$$

Weiterhin definieren wir

$$s^*(x) = \{y^* \in s(x) \mid y^* \text{ ist optimale Lösung zu } x\}$$

und $m^*(x) = m(x, y^*)$ für ein $y^* \in s^*(x)$. ◀

Definition 19. Ein Optimierungsproblem $\mathcal{P}$ gehört zur Komplexitätsklasse NPO, falls gilt:

- Es gibt ein Polynom p, sodass für alle $x \in I$ und für alle $y \in s(x)$ gilt: $|y| \leq p(|x|)$.
- $\{\langle x, y \rangle \mid y \in s(x)\} \in \mathrm{P}$.
- Funktion m ist in Polynomialzeit berechenbar. ◀

Definition 20. Ein Optimierungsproblem $\mathcal{P}$ gehört zur Klasse PO, falls $\mathcal{P} \in \mathrm{NPO}$ und falls es einen deterministischen Polynomialzeit–Algorithmus gibt, der bei Eingabe von $x \in I_{\mathcal{P}}$ eine (beliebige) Lösung $y^* \in s^*_{\mathcal{P}}(x)$ ausgibt. ◀

Bemerkung. PO ist also die Klasse der effizient lösbaren Optimierungsprobleme. ◀

Übungsaufgabe 51. Zeigen Sie, dass $\mathrm{MinTSP} \in \mathrm{NPO}$ gilt. ◀

Nun möchten wir wieder die Brücke zu der Entscheidungswelt schlagen. Hierzu wollen wir zu jedem Optimierungsproblem ein damit verbundenes Entscheidungsproblem definieren.

Definition 21. Sei $\mathcal{P}$ ein Optimierungsproblem. Das *Entscheidungsproblem* zu $\mathcal{P}$ ist

$$\mathcal{P}_D = \{\langle x, K \rangle \mid x \in I_{\mathcal{P}}, K \in \mathbb{N} \text{ und } m^*(x) \leq K\}.$$

falls $t_{\mathcal{P}} = \min$ und

$$\mathcal{P}_D = \{\langle x, K \rangle \mid x \in I_{\mathcal{P}}, K \in \mathbb{N} \text{ und } m^*(x) \geq K\}.$$

falls $t_{\mathcal{P}} = \max$. ◀

Übungsaufgabe 52. Erklären Sie, wieso $\mathrm{MinTSP}_D = \mathrm{TSP}$ gilt. ◀

Im folgenden Lemma sehen wir, wie wir zwischen beiden Welten „hin- und herrechnen“ können.

„NP-Optimierungsprobleme“

Lemma 1. Sei $\mathcal{P}$ ein Optimierungsproblem. Dann gilt: $\mathcal{P} \in \mathrm{NPO}$ impliziert $\mathcal{P}_D \in \mathrm{NP}$. ◀

Beweis Wir beweisen das Lemma für den Fall von Minimierungsproblemen. Sei $\mathcal{P} = (I, s, m, t)$ das gegebene Optimierungsproblem.

„$\Rightarrow$“: Der folgende Algorithmus löst $\mathcal{P}_D$ in nichtdeterministischer Polynomialzeit.

Eingabe: $x \in I_{\mathcal{P}}$, $K \in \mathbb{N}$

1: Rate y, $|y| \leq p(|x|)$, wobei p das Polynom aus obiger Definition ist.
2: **if** $y \in s(x)$ **then**
3:     **if** $m(x, y) \leq K$ **then**
4:         **akzeptiere**
5: **verwerfe**

■

NPO ist also die Klasse der Optimierungsprobleme, deren zugehörige Entscheidungsprobleme zu NP gehören (man könnte sie etwas laxer ausgedrückt „NP-Optimierungsprobleme“nennen). Das folgende Lemma zeigt, wie es sich auf deterministischer Polynomialzeit-Ebene verhält.

Lemma 2. Sei $\mathcal{P}$ ein Optimierungsproblem. Dann gilt: $\mathcal{P} \in$ PO impliziert $\mathcal{P}_D \in$ P. ◀

„P-Optimierungsprobleme“

Beweis Analog zu dem Beweis von Lemma 1. ■

Nun können wir die P-NP-Frage auch in der Optimierungswelt stellen.

Satz 28. P = NP gdw. PO = NPO. ◀

Paz, Moran 1977

Beweis „$\Leftarrow$“: Ist NPO = PO, so ist MinTSP $\in$ PO, also TSP $\in$ P. Daraus folgt: P = NP.

„$\Rightarrow$“: hier nicht. ■

Im Folgenden definieren wir einen Begriff, der historisch gesehen den selben Namen hat wie die NP-Schwere aus den vorherigen Kapiteln. Ein Hintergedanke dabei ist auch, dass ein Entscheidungsproblem in der Regel nicht schwieriger als das zugehörige Optimierungsproblem ist.

Definition 22. Ein Optimierungsproblem $\mathcal{P}$ ist NP-*schwer*, falls jedes Problem aus NP von einem Polynomialzeit-Algorithmus gelöst werden kann, der elementare Anweisungen der Form

$$\text{„Sei } y \in s^*_{\mathcal{P}}(x)\text{“ oder „}v := m^*_{\mathcal{P}}(x)\text{“}$$

verwenden darf und deren Laufzeit nur mit einem Schritt gezählt wird. Formal bedeutet diese Definition, dass jedes Problem aus NP *Turing-reduzierbar* auf $\mathcal{P}$ ist. ◀

Bemerkung. Ist $\mathcal{P}_D$ ein NP-vollständiges Problem, so ist $\mathcal{P}$ auch NP-schwer. Also gilt demnach: Wenn P $\neq$ NP gilt, dann folgt:

$$\mathcal{P}_D \text{ ist NP-vollständig} \Rightarrow \mathcal{P} \text{ ist NP-schwer} \Rightarrow \mathcal{P} \notin \text{PO}.$$ ◀

Übungsaufgaben

Übungsaufgabe^L 53. Aus Satz 24 von Seite 110 kennen Sie bereits das Rucksackproblem. Geben Sie ein Optimierungsproblem an, dessen zugehöriges Entscheidungsproblem das Problem KNAPSACK ist. Begründen Sie die Korrektheit Ihrer Lösung. Erklären Sie dabei insbesondere, warum Ihre Lösung ein Optimierungsproblem ist, indem Sie die vier Komponenten angeben, die das Optimierungsproblem definieren. ◀

Übungsaufgabe^L 54. Das Optimierungsproblem MaxCLIQUE sei wie folgt definiert:

Instanz: ein ungerichteter Graph $G := (V, E)$
Lösungen: Cliquen $C \subseteq V$ von G
Maß: die Größe einer Clique $|C|$
Ziel: Maximierung

a) Zeigen Sie, dass MaxCLIQUE $\in$ NPO gilt.

b) Es sei MaxCLIQUE$_D$ das zu MaxCLIQUE gehörige Entscheidungsproblem. Zeigen Sie, dass MaxCLIQUE$_D$ = CLIQUE gilt. ◀

Übungsaufgabe^{L} 55. Ist $G := (V, E)$ ein ungerichteter Graph, so nennt man eine Folge von Knoten $(v_1, \ldots, v_k) \in V^k$ für $k \in \mathbb{N}$ einen Pfad in G (von v_1 zu v_k), falls für alle $i \in \{1, \ldots, k-1\}$ die Bedingung $(v_i, v_{i+1}) \in E$ erfüllt ist. Die Zahl $k-1$ wird dabei als *die Länge* des Pfades bezeichnet. Ein Pfad heißt *einfach*, falls er keinen Knoten mehrfach enthält.

a) Es sei

$$\text{SPATH} := \left\{ \langle G, u, v, k \rangle \,\middle|\, \begin{array}{l} G = (V, E) \text{ ist ein ungerichteter} \\ \text{Graph, der einen einfachen Pfad von} \\ u \in V \text{ zu } v \in V \text{ mit einer Länge von} \\ \text{höchstens } k \in \mathbb{N} \text{ besitzt} \end{array} \right\}$$

Beweisen Sie, dass SPATH $\in$ P gilt.

Hinweis: In welcher Beziehung stehen ein kürzester Pfad und ein kürzester einfacher Pfad zwischen zwei Knoten eines ungerichteten Graphen zueinander?

b) Es sei

$$\text{LPATH} := \left\{ \langle G, u, v, k \rangle \,\middle|\, \begin{array}{l} G = (V, E) \text{ ist ein ungerichteter} \\ \text{Graph, der einen einfachen Pfad von} \\ u \in V \text{ zu } v \in V \text{ mit einer Länge von} \\ \text{mindestens } k \in \mathbb{N} \text{ besitzt} \end{array} \right\}$$

Beweisen Sie, dass LPATH ein NP-vollständiges Problem ist.

c) Das Optimierungsproblem MinPATH sei wie folgt definiert:

Instanz: ein ungerichteter Graph $G := (V, E)$ und zwei Knoten $u, v \in V$

Lösungen: einfache Pfade in G von u zu v

Maß: die Länge eines solchen Pfades

Ziel: Minimierung

i) Zeigen Sie, dass MinPATH $\in$ PO gilt.

ii) Sei MinPATH$_D$ das zu MinPATH zugehörige Entscheidungsproblem. Zeigen Sie, dass MinPATH$_D$ = SPATH gilt.

d) Das Optimierungsproblem MaxPATH sei wie folgt definiert:

Instanz: ein ungerichteter Graph $G := (V, E)$ und zwei Knoten $u, v \in V$

Lösungen: einfache Pfade in G von u zu v
Maß: die Länge eines solchen Pfades
Ziel: Maximierung

schwer

i) Zeigen Sie, dass MaxPATH $\in$ NPO gilt.

ii) Es sei MaxPATH$_D$ das zu MaxPATH gehörige Entscheidungsproblem. Zeigen Sie, dass MaxPATH$_\mathrm{D}$ = LPATH gilt.

iii) Zeigen Sie, dass MaxPATH NP-schwer ist. ◀

6.2. Approximationsalgorithmen

Nun wollen wir uns mit der algorithmischen Perspektive befassen. Wie können wir die Güte – oder folgend als *Performanz* definiert – eines Algorithmus abschätzen, sodass wir Vergleichbarkeit schaffen?

Approximationsalgorithmus

Definition 23. Sei $\mathcal{P} = (I, s, m, t)$ ein Optimierungsproblem. Ein Polynomialzeit-Algorithmus A heißt *Approximationsalgorithmus* für $\mathcal{P}$, falls A bei Eingabe $x \in I_\mathcal{P}$ eine mögliche Lösung $y \in s_\mathcal{P}(x)$ berechnet, in Zeichen also $A(x) \in s_\mathcal{P}(x)$ gilt. Wir schreiben auch kürzer $m_A(x) = m_\mathcal{P}(x, A(x))$. ◀

Wir sehen, dass alle Approximationsalgorithmen in unserem Fall auch Polynomialzeit-Algorithmen sind. Dies macht natürlich Sinn, da wir mit diesen Algorithmen unsere NP-vollständigen Probleme angehen wollen. Unser Ziel hierbei ist, dass die Ausgabe eines solchen Algorithmus nicht allzu weit vom Optimum entfernt liegt, d.h. wir wollen

$$\begin{aligned}\text{bei } t = \min : \quad & \frac{m_A(x)}{m^*(x)} \text{ nach oben beschränken, und}\\ \text{bei } t = \max : \quad & \frac{m^*(x)}{m_A(x)} \text{ auch nach oben beschränken.}\end{aligned}$$

Performanzrate

Definition 24. Sei $\mathcal{P} = (I, s, m, t)$ ein Optimierungsproblem, $x \in I_\mathcal{P}$ und $y \in s_\mathcal{P}(x)$. Die *Performanz(-rate)* von y bezüglich x ist definiert als

$$R_{\mathcal{P}}(x,y) = \left\{ \begin{array}{ll} \frac{m(x,y)}{m^*(x)}, & \text{falls } t = \min \\ \frac{m^*(x)}{m(x,y)}, & \text{falls } t = \max \end{array} \right\} = \max \left\{ \frac{m(x,y)}{m^*(x)}, \frac{m^*(x)}{m(x,y)} \right\}.$$

Bemerkung. Es gilt $R(x,y) = 1$ gdw. $y \in s^*(x)$. Für $y \notin s^*(x)$ kann $R(x,y)$ beliebig groß werden. ◀

Definition 25. Sei $\mathcal{P} = (I, s, m, t)$ ein Optimierungsproblem und A ein Approximationsalgorithmus für $\mathcal{P}$. Die *Performanz(-rate)* von A bezüglich $\mathcal{P}$ ist dann

$$R_A(x) = R_{\mathcal{P}}(x, A(x)).$$

Sei nun $r\colon \mathbb{N} \to \mathbb{Q}$ eine Funktion. Wir sagen A ist ein *r-Approximationsalgorithmus* für $\mathcal{P}$, falls

$$\max_{|x|=n} R_A(x) \leq r(n).$$

Spezialfall: Falls r konstant ist, also $r(n) = c$ für $c \in \mathbb{Q}$, so sprechen wir auch von einem c-Approximationsalgorithmus. ◀

Beispiel 17. Hier ein paar Beispiele für die obige Definition:

- 1-Approximationsalgorithmus = exakter Lösungsalgorithmus
- 1,1-Appoximationsalgorithmus: $\frac{m_A(x)}{m^*(x)} \leq 1{,}1$
- Ein guter Approximationsalgorithmus ist also ein r-Approximationsalgorithmus für ein „kleines" r. ◀

Was haben wir in diesem Kapitel gesehen?

In diesem Kapitel haben wir uns mit einem Lösungsansatz für NP-vollständige Probleme befasst. Hierbei ging es darum, die Probleme nicht zwingend optimal zu lösen, sondern einfach nur eine optimale Lösung möglichst nah zu erreichen. Hierzu haben wir die zugehörigen „Optimierungsklassen" definiert und auch die P-NP-Frage übertragen. Anschließend haben wir über Approximationsalgorithmen und deren Güte gesprochen.

Welche Aussagen sind richtig, welche falsch?

✓ × • P $\neq$ NP gdw. PO $\neq$ NPO

✓ × • Optimierungsproblem $\mathcal{P} = (I, s, m, t)$ ist NP-schwer gdw. I NP-vollständig ist.

✓ × • MinTSP $\notin$ NPO

✓ × • Eine Instanz von MinTSP besteht aus einer Entfernungsmatrix und der Gesamtreisedauer.

Weiterführende Literatur

- Optimierungsproblem, PO, NPO
  - (Bovet & Screscenzi, 1994, S.111–117)
  - (Sipser, 2012, S.393–394)
  - (Ausiello et al., 1999, S.26–30)
- Satz 28 (Bovet & Screscenzi, 1994, S.119, Thm. 6.2)
- Approximationsalgorithmen, Performanz
  - (Sipser, 2012, S.393–394)
  - (Ausiello et al., 1999, S.39–40)

Lösungen zu Kapitel 6

Lösung zu Aufgabe 53 von Seite 134

Hier gibt es zwei Möglichkeiten, ein Optimierungsproblem anzugeben.

MaxProfit-KNAPSACK

Instanz: natürliche Zahlen $a_1, \ldots, a_m, v_1, \ldots, v_m, A$

Lösungen: Teilmengen $I \subseteq \{1, \ldots, m\}$, sodass $\sum_{i \in I} a_i \leq A$

Maß: die Größe des „Nutzen" $\sum_{i \in I} v_i$

Ziel: Maximierung

Begründung: Bei dem Entscheidungsproblem KNAPSACK geht es darum, Gegenstände, die ein gewisses Gewicht a_i und einen gewissen persönlichen Wert v_i haben, in einen Rucksack zu packen. Der Rucksack hat jedoch nur ein begrenztes Fassungsvermögen A, welches nicht überschritten werden darf. Des Weiteren möchte man einen möglichst hohen persönlichen Gewinn V an den eingepackten Gegenständen erreichen, welcher nicht unterschritten werden darf.

Bei dem Optimierungsproblem MaxProfit-KNAPSACK geht es nun darum, diesen persönlichen Gesamtgewinn der eingepackten Gegenstände zu maximieren, wobei nur Lösungen gültig sind, sofern sie nicht das Volumen A des Rucksacks überschreiten. Gegeben ist daher eine Menge von Gegenständen mit Gewichten und Werten sowie das Rucksackvolumen. Folglich ist eine Teilmenge I von allen gegebenen Gegenständen, deren Gesamtvolumen kleiner oder gleich A ist, eine gültige Lösung für das Optimierungsproblem.

Das zugehörige Entscheidungsproblem MaxProfit-KNAPSACK$_D$ ist definiert als

$$\left\{ \langle x, K \rangle \;\middle|\; \begin{array}{l} x = a_1, \ldots, a_m, v_1, \ldots, v_m, A \in \mathbb{N} \\ \text{und für eine optimale Teilmenge } I \subseteq \\ \{1, \ldots, m\} \text{ mit } \sum\limits_{i \in I} a_i \leq A \text{ gilt} \\ \sum\limits_{i \in I} v_i \geq K \end{array} \right\}.$$

Die Gleichheit mit KNAPSACK folgt aus obigen Ausführungen.

Alternative Möglichkeit:

MinSpace-KNAPSACK

Instanz: natürliche Zahlen $a_1, \ldots, a_m, v_1, \ldots, v_m, V$

Lösungen: Teilmengen $I \subseteq \{1, \ldots, m\}$, sodass $\sum_{i \in I} v_i \geq V$

Maß: die Größe des „Gewichts“ $\sum_{i \in I} a_i$

Ziel: Minimierung

◀

Lösung zu Aufgabe 54 von Seite 134

a) i) Für alle $x \in I$ und für alle $y \in s(x)$ gilt:

$$|y| \leq p(|x|), \text{ da } n \cdot \log(n) \leq n^2,$$

da wir maximal n Knoten binär speichern müssen. Die Ungleichung ist immer erfüllt, da die Clique eines Graphen auf keinen Fall mehr Knoten beinhalten kann, als der Graph selber hat.

ii) $\{\langle x, y \rangle \mid y \in s(x)\}$ ist in Polynomialzeit überprüfbar, da wir lediglich überprüfen müssen, ob eine gegebene Knotenteilmenge y zu einem Graphen x eine Clique ist (prüfen, ob der Graph vollständig ist).

iii) Die Berechnung des Wertes $|y|$ der Maßfunktion geht in Polynomialzeit (sogar Linearzeit), indem man nur die Anzahl der Knoten in y zählt.

Also MaxCLIQUE $\in$ NPO.

b) Das Entscheidungsproblem P_D zum Optimierungsproblem MaxCLIQUE lautet

$$\text{MaxCLIQUE}_D := \{\langle x, K \rangle \mid x \in I_{\text{MaxCLIQUE}} \text{ und } m^\star(x) \geq K\}.$$

Hierbei ist die optimale Lösung von MaxCLIQUE durch einen Wert K nach unten begrenzt. Im Vergleich dazu die Definition von

$$\text{CLIQUE} := \left\{ \langle G, k \rangle \,\middle|\, \begin{array}{l} G \text{ enthält als Teilgraph eine Cli-} \\ \text{que der Größe mindestens } k \end{array} \right\}.$$

Nun zeigen wir die Gleichheit beider Probleme.

"$\subseteq$": Gilt $\langle x, K \rangle \in \text{MaxCLIQUE}_D$, so ist die Anzahl der Knoten der größten Clique nach unten beschränkt durch K. Folglich hat der zugehörige Graph eine Clique $\geq K$ und gehört damit zum Problem CLIQUE.

"$\supseteq$": Gilt $\langle G, k \rangle \in$ CLIQUE, so besitzt der Graph G eine Clique, die mindestens k Knoten enthält. Also gilt für die Anzahl der Knoten m der größten Clique in G, dass $m \geq k$ und damit $\langle G, k \rangle \in \text{MaxCLIQUE}_D$.

◀

Lösung zu Aufgabe 55 von Seite 135

a) Ein kürzester Pfad ist immer auch ein einfacher Pfad, da, wenn man einen Knoten mehrfach besucht, man den Pfad abkürzen könnte, indem man den Knoten nur einfach besucht. Also, nur kürzesten Pfad suchen. Dazu: Breitensuche, alle Knoten, die von u aus in einem Schritt erreichbar sind, werden mit 1 markiert. Dann einen mit 1 markierten Knoten nehmen und alle nicht markierten in einem Schritt erreichbaren mit 2 markieren. Und so weiter, bis alle Knoten markiert sind. Wenn schließlich v mit k oder kleiner markiert ist, akzeptieren, sonst ablehnen.

Eingabe: $\langle G, u, v, k \rangle$, $G = (V, E)$, $u, v \in V$, $k \in \mathbb{N}$.
markiere u mit 0.
for $i := 0, \ldots, |V| - 1$ **do**
    for jedes $s \in V$ markiert mit Wert i mit $(s, t) \in E$ und t unmarkiert **do**
        markiere t mit $i + 1$.
if v markiert mit einem Wert $\leq k$ **then**
    akzeptiere
else
    verwerfe

Der Algorithmus terminiert, da die äußere und die innere Schleife beide nur endlich viele Durchläufe haben. Die Korrektheit folgert aus obiger Beobachtung. Die Laufzeit beträgt $O(|V| \cdot (|V| + |E|))$.

b) Zugehörigkeit zu NP ist klar. Zertifikat ist der Pfad. Prüfen, ob er die Länge mindestens k hat, einfach und ein Pfad von u nach v ist. Diese Prüfung geht in $O(|V| + |V|^2)$.

   NP-Schwere: Reduktion von UHAMPATH (siehe Aufgabe 44 von Seite 105). Reduktionsfunktion: Graph $G = (V, E)$ hat genau dann einen UHAMPATH von s nach t, wenn G einen einfachen Pfad von s nach t hat, der mindestens die Länge $|V| - 1$ hat, denn dann muss dieser Pfad jeden Knoten genau einmal besuchen.

c) (i) Es gilt immer für alle Instanzen x und ihre zugehörigen Lösungen y, dass $|y| = n \cdot \log(n) \leq n^2$, da eine Lösung maximal alle Knoten des Graphen beinhalten kann. $\{ \langle x, y \rangle | y \in s(x) \}$ lässt sich polynomiell überprüfen (vergl. (b)). Die Maßfunktion m lässt sich auch in Polynomialzeit berechnen, indem die gegebene Menge von Knoten durchgezählt wird. Also MinPATH $\in$ NPO.

   Für Mitgliedschaft in PO verwende den Algorithmus von (a). Dieser berechnet zu $x \in I$ eine optimale Lösung $y^* \in s^*(x)$.

   (ii) Sei $x \in \text{MinPATH}_D$. Dann ist x ein ungerichteter Graph für den es einen einfachen Pfad mit minimaler Länge $\leq k$ gibt, der u v verbindet. Also gibt es einen solchen Pfad und $x \in$ SPATH. Ist nun $x \in$ SPATH, dann gibt es einen einfachen Pfad von u zu v mit Länge $\ell \leq k$. Für die Länge m eines kürzesten Pfades gilt natürlich $m \leq \ell \leq k$ und damit gilt $x \in \text{MinPATH}_D$.

d) Analog zur vorherigen Teilaufgabe: MaxPATH $\in$ NPO. Für die NP-Schwere den LPATH-Algorithmus um die Orakelfragen nach optimalen Lösung (und ihrer Größe) erweitern und zeigen, dass dieser in Polynomialzeit läuft. Der folgende Algorithmus löst UHAMPATH und damit alle Probleme aus NP in Polynomialzeit.

Eingabe: $\langle G, s, t \rangle$, $G = (V, E)$, $s, t \in V$.

if $m^\star_{\text{MaxPATH}}(\langle G, s, t \rangle) \geq |V| - 1$ **then**
    akzeptiere
verwerfe

◄

Kurzfragen Lösungen: ✓, ×, ×, ×

Kapitel 7

Beispiele von Approximierbarkeit

Lernziele dieses Kapitels

① Sie können die Algorithmen TreeTSP und Christofides erklären.

② Sie verstehen den Algorithmus PartAS und GSAT.

③ Sie können zwischen den Klassen APX, PTAS und NPO unterscheiden.

④ Sie verstehen die gap-technique.

In diesem Kapitel befassen wir uns direkt mit Approximationsalgorithmen für Optimierungsprobleme, deren zugehörige Entscheidungsprobleme im zweiten Teil dieses Skriptes als NP-vollständig ausgewiesen worden sind. Zuerst werden wir uns mit MinTSP beschäftigen und dort ein (leider) negatives Resultat beweisen: es gibt hierfür wahrscheinlich keinen c-Approximationsalgorithmus. Hieraus konstruieren wir dann eine allgemeine Technik zum Beweis, dass ein Problem nicht in der Klasse APX liegt. Anschließend schauen wir uns eine vernünftig modifizierte Variante an und geben zwei Approximationsalgorithmen an. Abschließend tun wir dies für die Optimierungs-Probleme zu PART und SAT.

7.1. Das Problem des Handlungsreisenden MinTSP

Fangen wir sogleich mit dem angesprochenen negativen Resultat an.

Satz 29. Falls P $\neq$ NP, so gibt es kein $c \geq 1$, sodass MinTSP einen c-Approximationsalgorithmus besitzt. ◀

Wir werden nun einen Beweis durch Widerspruch durchführen. Wir nehmen also an, es gäbe einen solchen c-Approximationsalgorithmus. Die Idee ist nun, dass wir abhängig von der Konstante c auf einmal HAMCIRC effizient lösen können – was nicht sein kann, wenn P $\neq$ NP gilt.

Beweis (Satz 29) Angenommen, es gilt doch. Dann sei A ein c-Approximationsalgorithmus für MinTSP, für ein beliebiges $c \geq 1$. Wir konstruieren nun daraus einen P-Algorithmus B für HAMCIRC, der unter der Voraussetzung des Satzes nicht existieren kann. Der Algorithmus für HAMCIRC lautet:

Eingabe: $G = (V, E)$, $V = \{v_1, \ldots, v_n\}$

1: Definiere $d_{i,j} = \begin{cases} 1, & \text{falls } (v_i, v_j) \in E \\ 1 + n \cdot c, & \text{sonst.} \end{cases}$

2: Simuliere A mit Eingabe $D = (d_{i,j})_{1 \leq i,j \leq n}$.

3: Akzeptiere gdw. $m_A(D) = n$.

Betrachten wir nun die möglichen Situationen, mit denen der Algorithmus konfrontiert ist.

Fall A: $G \in$ HAMCIRC. Dann hat Instanz D von MinTSP eine Lösung mit Maß n; diese ist auch optimal: $m^*(D) = n$. Jede nicht-optimale Lösung hat Maß $\geq n - 1 + 1 + n \cdot c = (c+1) \cdot n$. Die Performanz einer nicht-optimalen Lösung ist $\geq c + 1$. $\Rightarrow A$ berechnet optimale Lösung. $\Rightarrow B$ akzeptiert.

Fall B:

$$\begin{aligned} G \notin \text{HAMCIRC} &\Rightarrow m^*(D) \geq (c+1) \cdot n \\ &\Rightarrow m_A(D) \geq (c+1) \cdot n \\ &\Rightarrow B \text{ akzeptiert nicht.} \end{aligned}$$

Der Algorithmus entscheidet also HAMCIRC, also folgt damit, dass HAMCIRC $\in$ P, im Widerspruch zu P $\neq$ NP. (Satz 29) ■

Nun ist diese Nachricht nicht sonderlich erbaulich, da wir sehr gerne einen c-Approximationsalgorithmus für MinTSP gehabt hätten. Bevor wir uns jedoch einer Modifikation des Problems zuwenden wollen, die deutlich realistischer ist, möchten wir aus dem letzten Beweis eine allgemeine Technik entwickeln, um zu beweisen, dass ein Problem nicht c-approximierbar ist für ein $c \in \mathbb{N}$.

Die gap technique – Mut zur Lücke

Wie wir gesehen haben, konnten wir den Wert des Maßes einer optimalen Lösung dazu verwenden, um HAMCIRC zu entscheiden. Diese Idee nutzen wir nun in dem folgenden Satz.

Satz 30. Sei $\mathcal{P}$ ein Minimierungsproblem aus NPO. Sei L eine NP-schwere Sprache, $L \subseteq \Sigma^*$. Seien f, c in Polynomialzeit berechenbare Funktionen, wobei $f\colon \Sigma^* \to I_{\mathcal{P}}, c\colon \Sigma^* \to \mathbb{N}$ und $g > 0$ eine Konstante, sodass: Gap technique

$$m^*_{\mathcal{P}}(f(x)) \leq c(x), \text{ falls } x \in L$$
$$m^*_{\mathcal{P}}(f(x)) \geq (1+g) \cdot c(x), \text{ falls } x \notin L$$

Dann existiert kein r-Approximationsalgorithmus für $\mathcal{P}$ für alle $r < 1 + g$, es sei denn P = NP. ◄

Beweis Annahme, es gibt doch einen r-Approximationsalgorithmus A für $\mathcal{P}$, wobei $r < 1 + g$.

Sei nun $x \in \Sigma^*$. Es gilt:

(i) $x \notin L \Rightarrow m^*(f(x)) \geq c(x) \cdot (1+g) \Rightarrow m_A(f(x)) \geq c(x) \cdot (1+g)$ und

(ii) $x \in L \Rightarrow m^*(f(x)) \leq c(x) \Rightarrow m_A(f(x)) \overset{*}{\leq} r \cdot c(x) < (1+g) \cdot c(x)$.

$(*)$ folgt aus unserer Annahme, dass es einen r-Approximationsalgorithmus gibt.

Nun geben wir einen Entscheidungsalgorithmus für L an:

Eingabe: $x \in \Sigma^*$

Berechne $f(x) \in I_{\mathcal{P}}$.
Berechne $y = A(f(x))$.
if $m_A(f(x)) < (1+g) \cdot c(x)$ **then**
  akzeptiere
verwerfe

Also $L \in$ P, daraus folgt P = NP, da L NP-schwer ist. Widerspruch zur Annahme. ■

Betrachten wir rückblickend die Situation auf dem Zahlenstrang der natürlichen Zahlen, so wird schnell klar, wieso die Technik von einer Lücke handelt:

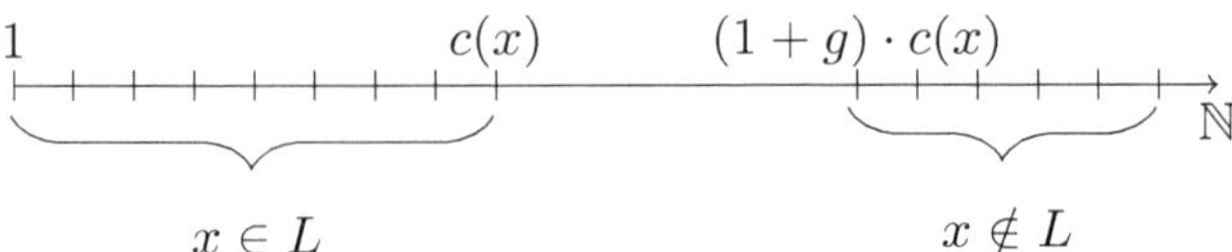

Wenden wir uns nun wieder dem Handlungsreisenden-Problem zu und betrachten eine Modifikation des Problems:

Was ist an der Definition von MinMTSP besser?

Problem: MinMTSP (metric TSP)

Instanz: $(d_{i,j})_{1 \leq i,j \leq n}$ mit $n, d_{i,j} \in \mathbb{N}$ und für alle $i, j, k \in \{1, \dots, k\}$ gilt:

$$d_{i,j} = d_{j,i} \text{ (Symmetrie)}$$
$$d_{i,j} + d_{j,k} \geq d_{i,k} \text{ (Dreiecksungleichung)}$$

Lösung: $\pi \in S_n$ (= Rundreise)

Leonhard Euler

Maß: Länge von π, also $\sum_{i=1}^{n-1} d_{\pi(i),\pi(i+1)} + d_{\pi(n),\pi(1)}$

Das zugehörige Entscheidungsproblem MinMTSP$_D$ ist NP-vollständig. Aber es gilt, wie wir als nächstes zeigen werden: MinMTSP ist besser approximierbar. Damit wir dies sehen können, benötigen wir ein paar Notationen und Begriffe.

Euler und das Königsberger Brückenproblem

Es gibt eine Geschichte, bei der sich Euler in Königsberg befand. Die Stadt liegt an der Pregel und hat auf der Pregel zwei Inseln, die untereinander und mit dem Ufer mit Brücken verbunden sind. Nun stellte er sich die Frage, ob es einen Sonntagsspaziergang gibt, bei dem jede Brücke *genau einmal* besucht wird. Mathematisch stellen wir das ganze als ein Multigraph dar.

Definition 26. Ein *Multigraph* ist ein Paar $G = (V, F)$, wobei V eine Knotenmenge und F eine Kanten-*Multimenge* ist, d.h. es gibt eventuell mehrere Kanten zwischen Knotenpaaren. ◄

Multigraph

Definition 27. Ein *Eulerpfad* in G ist ein Pfad $v_1, \ldots, v_m$ mit $\{v_i, v_{i+1}\} \in F$ für $1 \leq i < m$, der jede Kante von G genau einmal besucht. (Knoten dürfen beliebig oft besucht werden.) Ein *Eulerkreis* ist ein Eulerpfad, der ein Kreis ist. ◄

Eulerpfad

Bemerkung. Die Berechnung eines Eulerpfades oder Eulerkreises (falls existent) ist in Polynomialzeit über einfache Tiefensuche möglich. Wir müssen lediglich prüfen, dass alle Knoten einen geraden Grad haben. ◄

Nun können wir unsere Geschichte formalisieren.

Beispiel 18. Die Situation ist die Folgende:

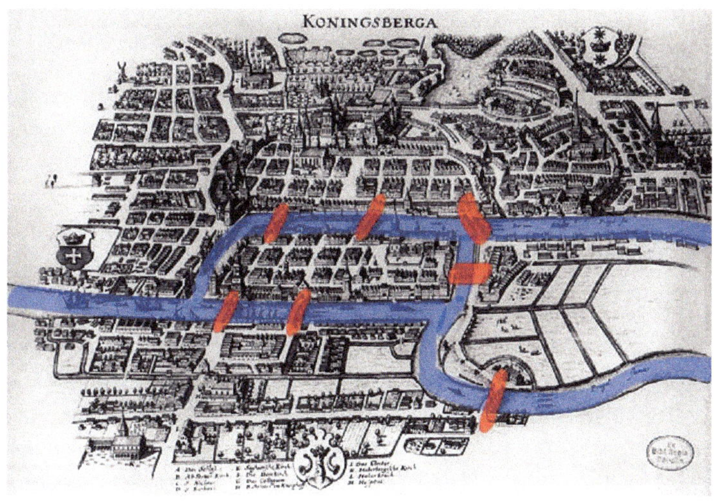

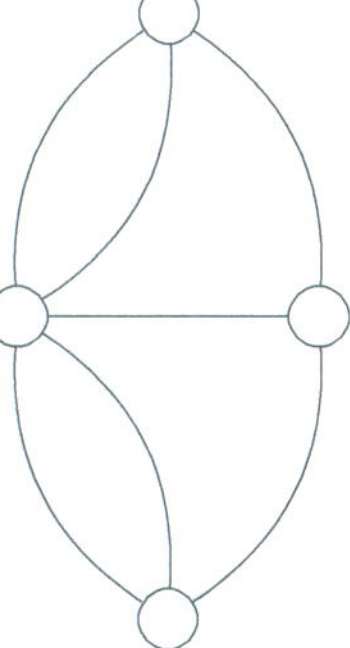

◄

Also möchten wir in unserem Approximationsalgorithmus mit Multigraphen arbeiten. Außerdem benötigen wir Gewichte an den Kanten und wollen auch minimale Spannbäume berechnen.

Gewichteter Graph

Definition 28. Ein *gewichteter* Graph ist ein Graph mit Gewichten an den Kanten, also ein Tripel $G = (V, E, D)$ wobei (V, E) ein Graph ist und $D = (d_{u,v})_{(u,v) \in E}$ eine Gewichtsmatrix für die Kanten ist, die ihnen ein Gewicht zuordnet. ◀

Spannbaum

Definition 29. Ein *Spannbaum* in einem Graphen $G = (V, E)$ ist ein Teilgraph $G' = (V, E')$, sodass $E' \subseteq E$ gilt und G' außerdem ein Baum ist. ◀

Minimaler Spannbaum

Definition 30. Sei $G = (V, E, D)$ ein gewichteter Graph. Ein *minimaler Spannbaum* in G ist ein Spannbaum $G' = (V, E')$ im Graphen (V, E) mit minimalem Gewicht. Dabei ist das Gewicht von G' definiert als $\sum_{(u,v) \in E'} d_{(u,v)}$. ◀

Die letzten drei Definitionen können auf kanonische Weise von Graphen auf Multigraphen übertragen werden.

Bemerkung. Minimale Spannbäume können in Polynomialzeit berechnet werden. Zum Beispiel ist dies möglich mit dem Algorithmus von Kruskal oder Prim. ◀

Nun sind wir so weit, den Approximationsalgorithmus für unser modifiziertes Problem MinMTSP zu betrachten.

Algorithmus TreeTSP
Eingabe: $D = (d_{i,j})_{1 \leq i,j \leq n}$: Instanz von MinMTSP

1: Sei $G = (V, E, D)$ gewichteter Graph mit $V = \{1, \ldots, n\}$, $E = V \times V$.
2: Berechne einen minimalen Spannbaum $T = (V, E_T)$ in G.
3: Definiere Multigraph $M = (V, E'_T)$, in dem jede Kante aus E_T genau zweimal vorkommt.
4: Bestimme einen Eulerkreis $W = (v_1, v_2, \ldots, v_1)$ in M.
5: Gewinne die Rundreise aus W, indem von jedem Knoten nur das erste Vorkommen belassen wird und alle weiteren Vorkom-

men gelöscht werden, d.h. definiere $(v'_1, v'_2, \ldots, v'_n)$, wobei

$$\begin{aligned} v'_1 &= v_1, \\ v'_i &= \text{der Knoten } v_k \text{, sodass } \{v_1, \ldots, v_{k-1}\} = \\ &\quad \{v'_1, \ldots, v'_{i-1}\} \subsetneq \{v_1, \ldots, v_k\}. \end{aligned}$$

Ausgabe: Rundreise $(v'_1, \ldots, v'_n, v'_1)$.

Wie funktioniert dieser Algorithmus? Betrachten wir ihn an einem Beispiel.

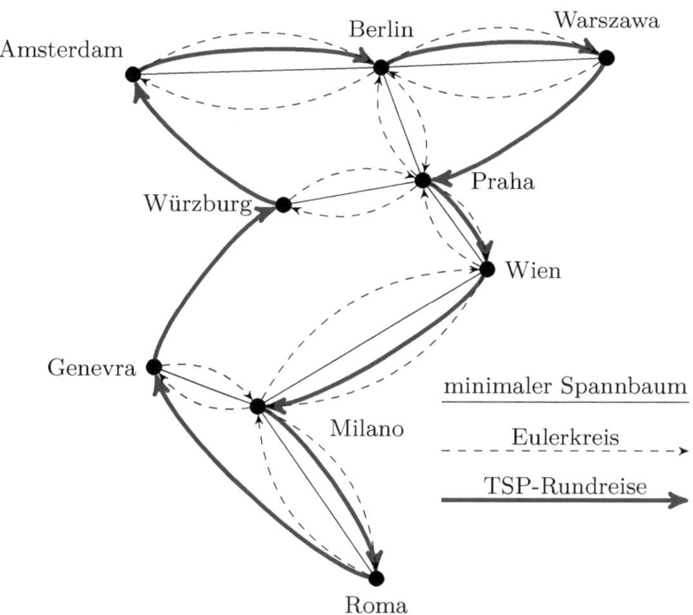

Satz 31. TreeTSP ist ein 2-Approximationsalgorithmus für MinMTSP. ◀

Beweis Sei $D = (d_{i,j})$ eine Instanz von MinMTSP. Jede TSP-Rundreise in D führt durch Entfernen einer Kante zu einem Spannbaum. Also gilt:

$$\begin{aligned} \text{Gewicht der Kanten in } T &\leq m^*(D) \\ \text{Gewicht der Kanten in } M &\leq 2 \cdot m^*(D) \\ \text{Gewicht der Kanten in der Rundreise} &\leq 2 \cdot m^*(D), \end{aligned}$$

da wir Abkürzungen gegenüber M benutzen. Also erhalten wir die gewünschte Ungleichung $m_{\text{TreeTSP}}(D) \leq 2 \cdot m^*(D)$. ■

Nun liefert TreeTSP immer Lösungen, die schlimmstenfalls doppelt so schlecht wie eine optimale Lösung sind. Dies geht jedoch noch besser im folgenden Algorithmus von Christofides. Dies ist aktuell der beste bekannte Approximationsalgorithmus für MinMTSP. Wir benötigen hierzu noch den Begriff eines *Matchings.*

Matching

Definition 31. Sei $G = (V, E)$ ein Graph. Ein *Matching* von G ist eine Kantenmenge $M \subseteq E$, so dass keine zwei Kanten in M einen gemeinsamen Endpunkt haben, d.h. $(u, v), (u', v') \in M \Rightarrow \{u, v\} \cap \{u', v'\} = \emptyset$.

M heißt *vollständig* (oder *perfekt*), falls $|M| = \lfloor \frac{1}{2}|V| \rfloor$ (jeder Knoten kommt als Endpunkt einer Kante in M vor, bis auf einen, falls $|V|$ ungerade). ◀

Nicos Christofides

Bemerkung. Vollständige Matchings mit minimalem Gewicht sind in Polynomialzeit berechenbar. Dies geht, zum Beispiel, mit Hilfe von Edmonds Algorithmus. ◀

Algorithmus Christofides-Heuristik
Eingabe: $D = (d_{i,j})_{1 \leq i,j \leq n}$: Instanz von MinMTSP

1: Sei $G = (V, E, D)$ gewichteter Graph wie in TreeTSP und $T = (V, E_T)$ minimaler Spannbaum in G.
2: Sei $C \subseteq V$ die Menge der Knoten, die in T ungeraden Grad haben.
3: Sei $G' = (C, E_C)$ der von C induzierte Teilgraph von G (d.h. $E_C = E \cap (C \times C)$).
4: Sei H ein vollständiges Matching mit minimalem Gewicht in G'.
   /* $|C|$ ist gerade, da Summe aller Knotengrade gerade ist, also existiert ein perfekts Matching H. */
5: Bestimme einen Eulerkreis W im Multigraphen $M = (V, E_T \cup H)$.
   /* Knotengrade in M sind gerade, also gibt es einen Eulerkreis W */
6: Gewinne Tour $P = (v'_1, \ldots, v'_n)$, indem in W nur erste Vor-

kommen von Knoten berücksichtigt werden.
Ausgabe: $(v'_1, \ldots, v'_n, v'_1)$

Satz 32. Der Algorithmus von Christofides ist ein $\frac{3}{2}$-Approximationsalgorithmus für MinMTSP. ◄

Beweis Seien $M = (V, E_T \cup H)$ und W wie im Algorithmus. Für eine Kanten-Multimenge E bezeichne $d(E)$ die Summe der Gewichte der Kanten in E, also $d(E) = \sum_{(i,j)\in E} d_{i,j}$. Es gilt: $d(W) = d(E_T) + d(H)$.

Da der Algorithmus seine Ausgabe aus W durch Abkürzungen (wegen der Dreiecksungleichung) erzeugt, folgt:

$$m_{\text{Christofides}}(x) \leq d(W) = d(E_T) + d(H).$$

Nun zeigen wir die Korrektheit der folgenden beiden Ungleichungen:

(i) $d(E_T) \leq m^*(x)$

(ii) $d(H) \leq \frac{1}{2} m^*(x)$

Zu (i): Jede Rundreise ist ein Spannbaum mit einer zusätzlichen Kante, also $d(E_T) \leq m^*(x)$.

Zu (ii): Seien $(v_{i_1}, v_{i_2}, \ldots, v_{i_{2|H|}})$ die Knoten in C in der Reihenfolge, in der sie in der optimalen Rundreise vorkommen. Betrachte folgende Matchings:

$$H_1 = \{(v_{i_1}, v_{i_2}), (v_{i_3}, v_{i_4}), \ldots, (v_{i_{2|H|-1}}, v_{i_{2|H|}})\}$$
$$H_2 = \{(v_{i_2}, v_{i_3}), (v_{i_4}, v_{i_5}), \ldots, (v_{i_{2|H|}}, v_{i_1})\}$$

In der optimalen Tour wird jede Kante in $H_1 \cup H_2$ durch einen Pfad ersetzt. Aus der Dreicksungleichung folgt also

$$m^*(x) \geq d(H_1) + d(H_2).$$

Da H ein vollständiges Matching in C mit minimalem Gewicht ist, folgt $d(H) \leq d(H_1)$, $d(H) \leq d(H_2)$. Also:

$$m^*(x) \geq 2d(H)$$
$$d(H) \leq \frac{1}{2} m^*(x)$$

Insgesamt folgt also: $m_{\text{Christofides}}(x) \leq \frac{3}{2} m^*(x)$ ■

Nun betrachten wir den Algorithmus an unserem Beispiel von vorher.

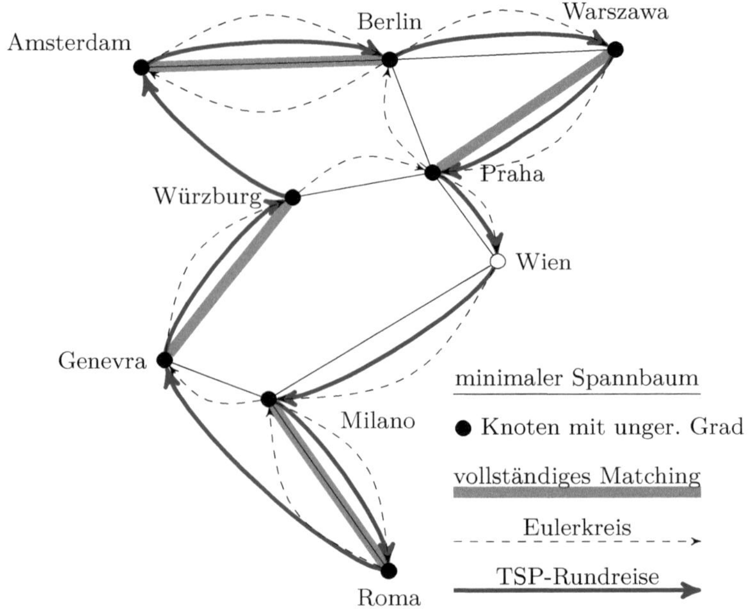

7.2. Das Partitionierungsproblem

Wie wir aus Satz 23 von Seite 108 wissen, ist PART ein NP-vollständiges Problem. Betrachten wir nun das folgende Optimierungsproblem.

Problem: Minimum Partition (MinPART)
Instanzen: $\langle a_1, \ldots, a_n \rangle, a_i \in \mathbb{N}^+$
Lösungen: Mengen Y_1, Y_2 mit $Y_1 \uplus Y_2 = \{1, \ldots, n\}$
Maß: $\max\{\sum_{i \in Y_1} a_i, \sum_{i \in Y_2} a_i\}$
Ziel: min

Übungsaufgabe 56. Zeigen Sie, dass MinPART_D NP-vollständig ist. ◀

Aus der vorherigen Aufgabe folgt, dass MinPART ein NP-schweres Optimierungsproblem ist. Nun konstruieren wir einen recht subtilen Approximationsalgorithmus. Wir sortieren einen Anfangsteil zunächst durch Ausprobieren aller Möglichkeiten. Den Rest, absteigend sortiert, verteilen wir einfach schrittweise in die beiden Behälter, wobei wir immer den leereren wählen.

Algorithmus r-PartAS
Eingabe: $\langle a_1, \ldots, a_n \rangle$ mit $a_i \in \mathbb{N}^+$.

```
if r ≥ 2 then return Y_1 = {1, ..., n}, Y_2 = ∅
else
    Sortiere Eingabe absteigend: a_1 ≥ a_2 ≥ ··· ≥ a_n,
    K_r := ⌈(2−r)/(r−1)⌉.
    Finde optimale Partition Y_1, Y_2 von ⟨a_1, ..., a_{K_r}⟩ durch
    Ausprobieren aller Lösungen.
    for j := K_r + 1 to n do
        if Σ_{i∈Y_1} a_i ≤ Σ_{i∈Y_2} a_i then
            Y_1 := Y_1 ∪ {j}
        else
            Y_2 := Y_2 ∪ {j}
    return Y_1, Y_2
```

Der folgende Satz zeigt, dass der Algorithmus r-PartAS eine beliebig gute Performanzrate > 1 hat.

Wieso läuft PartAS in Polynomialzeit?

Satz 33. Für jede feste Zahl $r > 1$ liefert der Algorithmus r-PartAS bei Eingabe einer Instanz $x \in I_{\text{MinPART}}$, $x = \langle a_1, \ldots, a_n \rangle$ eine Lösung mit Performanzrate $\leq r$. ◀

Beweis Für $Z \subseteq \{1, \ldots, n\}$ setze $w(Z) = \sum_{i \in Z} a_i$. Weiterhin sei $X = \{1, \ldots, n\}$. Sei zunächst $r \geq 2$. Sei Y_1, Y_2 eine beliebige Lösung zu x. Es gilt

$$m(x, (Y_1, Y_2)) \geq \frac{1}{2} w(X) \quad \text{und} \quad m(x, (X, \emptyset)) = w(X)$$

Also ist $R(x, (X, \emptyset)) \leq 2 \leq r$. Sei nun $r < 2$. Sei (Y_1, Y_2) die Lösung, die PartAS ausgibt, o. B. d. A. $w(Y_1) \geq w(Y_2)$. Sei $h \in X$ die Zahl, die als letztes zu Y_1 hinzugefügt wurde. Die vorliegende Situation ist rechts abgebildet.

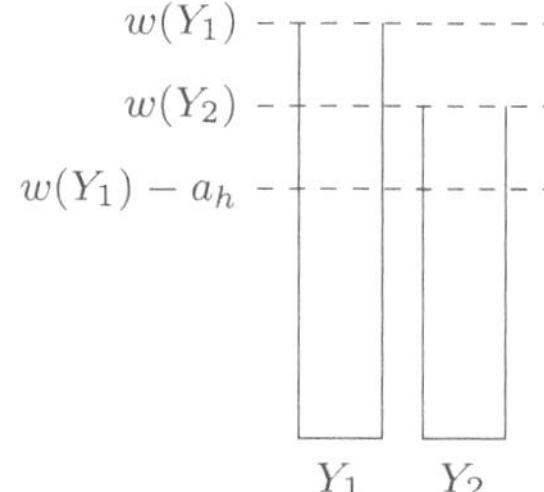

Es gilt: $w(Y_1) - a_h \leq w(Y_2)$. Also folgt:

$$2w(Y_1) - a_h \leq w(Y_1) + w(Y_2) = w(X)$$
$$\Leftrightarrow w(Y_1) \leq \frac{w(X) + a_h}{2} \qquad (\star)$$

Nun müssen wir zwei Fälle in Bezug auf das h-te Element betrachten.

Fall 1: $h \leq K_r$, d. h. h wurde zu Y_1 bei der (optimalen) Aufteilung von $a_1, \ldots, a_{K_r}$ hinzugefügt. Es folgt also, dass in der **for**-Schleife nur Y_2 erweitert wird. Also ist die erhaltene Lösung Y_1, Y_2 optimal (sie ist schon optimal für $\langle a_1, \ldots, a_{K_r} \rangle$).

Fall 2: Dann gilt: $a_j \geq a_h$ für $1 \leq j \leq K_r$, also $w(X) \geq (K_r+1) \cdot a_h$, also

$$\frac{a_h}{w(X)} \leq \frac{1}{K_r + 1}. \qquad (\star\star)$$

Weiterhin ist $w(Y_1) \geq \frac{1}{2} w(X) \geq w(Y_2)$, also

$$m^*(x) \geq \frac{1}{2} w(X). \qquad (\star\star\star)$$

Zusammengenommen folgt (hinterlegte Ausdrücke werden im nächsten Schritt ersetzt):

$$\begin{aligned}
R_{\text{PartAS}}(x) &= \frac{m(x,(Y_1,Y_2))}{m^*(x)} = \frac{w(Y_1)}{m^*(x)} \qquad (\text{da } w(Y_1) \geq w(Y_2)) \\
&\overset{(\star\star\star)}{\leq} \frac{w(Y_1)}{\frac{1}{2}w(X)} \overset{(\star)}{\leq} \frac{w(X) + a_h}{2 \cdot \frac{1}{2} w(X)} \\
&= 1 + \frac{a_h}{w(X)} \overset{(\star\star)}{\leq} 1 + \frac{1}{K_r + 1} \leq 1 + \frac{1}{\frac{2-r}{r-1} + 1} \\
&= 1 + \frac{1}{\frac{2-r}{r-1} + \frac{r-1}{r-1}} \\
&= 1 + \frac{1}{\frac{1}{r-1}} = r.
\end{aligned}$$

■

7.3. Das Erfüllbarkeitsproblem

Hier betrachten wir eine auf die Optimierungswelt angepasste Version von Erfüllbarkeit.

Problem: Maximum Satisfiability (MaxSAT)

Instanzen: aussagenlogische Formel F in KNF über Variablenmenge V
Lösungen: Belegung $f\colon V \to \{0,1\}$
Maß: Anzahl der durch f erfüllten Klauseln
Ziel: max

Übungsaufgabe 57. Zeigen Sie, dass das zugehörige Entscheidungsproblem MaxSAT_D NP-vollständig ist. ◀

Der hier betrachtete Approximationsalgorithus GSAT ist ein sogenannter Greedy-Algorithmus. Er wählt immer in jedem Durchlauf ein Literal, das in maximal vielen Klauseln vorkommt und definiert die Belegung entsprechend.

Algorithmus GSAT
Eingabe: Formel F über Variablenmenge V in KNF
for alle $v \in V$ **do**
    $f(v) := 1$
while es gibt noch Klauseln in F **do**
    Sei ℓ ein Literal, dass in einer max. Anzahl von Klauseln vorkommt.
    Sei C_ℓ die Menge der Klauseln, in denen ℓ vorkommt.
    Sei $C_{\overline{\ell}}$ die Menge der Klauseln, in denen $\overline{\ell}$ vorkommt.
        /* $|C_\ell| \geq |C_{\overline{\ell}}|$ */
    if $\ell = \neg v$ für eine Variable $v \in V$ **then** /* setze f so, dass $f(\ell) = 1$ */
        $f(v) := 0$;
        /* passe F an */
    Lösche aus F alle Klauseln in C_ℓ.
    Lösche Literal $\overline{\ell}$ aus allen Klauseln in $C_{\overline{\ell}}$.
    Lösche alle leeren Klauseln aus F.
Ausgabe: f;

Ist $\ell = v$ eine Variable, dann ist $\overline{\ell} = \neg v$. Ist $\ell = \neg v$ eine negierte Variable, dann ist $\overline{\ell} = v$.

Satz 34. Der Algorithmus GSAT ist ein 2-Approximationsalgorithmus für MaxSAT. ◀

Beweis Sei F eine aussagenlogische Formel in KNF mit n Variablen und m Klauseln.

Behauptung. Die von GSAT produzierte Belegung erfüllt mindestens $\frac{m}{2}$ Klauseln.

Beweis (Behauptung) Induktion über n (Anzahl der Variablen):

$n = 1:$ Mögliche Klauseln: x, $\overline{x}$, $x \vee \overline{x} \Rightarrow$ Es sind immer $\geq \frac{m}{2}$ Klauseln erfüllt.

$n - 1 \to n:$ Sei ℓ ein Literal, das in einer maximalen Anzahl von Klauseln in F vorkommt. Nach der Entfernung von ℓ aus F bleiben

$$\geq m - |C_\ell| - |C_{\overline{\ell}}|$$

Klauseln mit $n - 1$ Variablen übrig.

Nach Induktionsvoraussetzung erfüllt die von GSAT für die verbleibenden Klauseln konstruierte Belegung $\geq \frac{m-|C_\ell|-|C_{\overline{\ell}}|}{2}$ Klauseln.

Insgesamt erfüllt GSAT also

$$\geq \frac{m - |C_\ell| - |C_{\overline{\ell}}|}{2} + |C_\ell| \geq \frac{m}{2}$$

Klauseln von F, da $|C_\ell| \geq |C_{\overline{\ell}}|$.

(Behauptung) ■

$$\text{Daraus folgt: } R_{\text{GSAT}}(F) = \frac{m^*(F)}{m_{\text{GSAT}}(F)} \leq \frac{m}{\frac{m}{2}} = 2$$ ■

7.4. Optimierungs-Komplexitätsklassen

In den letzten Abschnitten haben wir zwei verschiedene Typen von Approximationsalgorithmen kennengelernt. Nun möchten wir für diese zwei Komplexitätsklassen definieren und betrachten, wie sich diese untereinander verhalten.

PTAS **Definition 32.** Sei $\mathcal{P}$ ein Optimierungsproblem, sodass für jede Zahl $r > 1$ gilt, dass es einen Polynomialzeit-Approximationsalgorithmus für $\mathcal{P}$ mit Performanzrate $\leq r$ gibt. Diese Eigenschaft nennen wir *polynomial time approximation scheme* und ordnen das Problem der Klasse PTAS zu. ◄

Definition 33. Die Klasse APX umfasst alle Optimierungsprobleme, für die es einen c-Approximationsalgorithmus für ein $c \geq 1, c \in \mathbb{Q}$ gibt. ◀ APX

Unter der Annahme, dass $\mathrm{P} \neq \mathrm{NP}$ gilt, ergibt sich die folgende Situation:

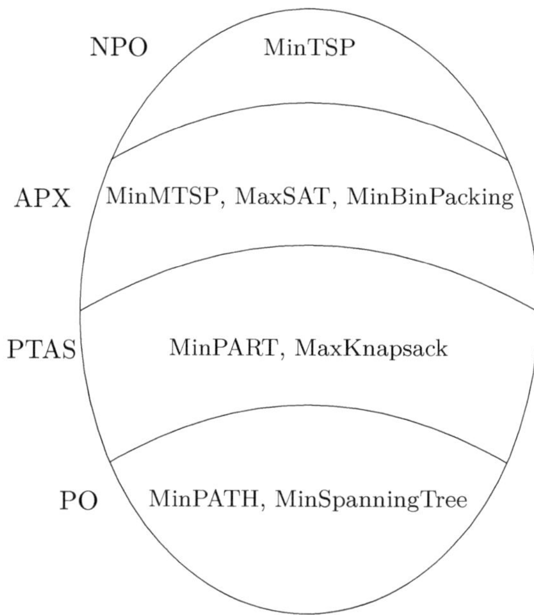

Übungsaufgaben

Übungsaufgabe[L] 58. Doktor Meier zieht leider aus. In seinem Büro befinden sich m Gegenstände mit den Größen $s_1, s_2, \ldots, s_m \in [0, 1] \cap \mathbb{Q}$. Er muss diese Gegenstände in Umzugskartons mit einem Fassungsvermögen von jeweils 1 verpacken und möchte dabei natürlich möglichst wenige Kartons benutzen, um Platz zu sparen.

Um die Gegenstände in die Kartons zu verpacken, geht er nach dem folgenden Verfahren vor, das auch als First-Fit-Algorithmus bezeichnet wird. Am Anfang stellt er sich einen leeren Karton in sein Büro und schreibt "Karton 1" darauf. Nun nimmt er nacheinander jeden der Gegenstände in die Hand (beginnend mit dem Gegenstand 1) und überprüft, in welche Kartons, die er bereits beschriftet hat, dieser Gegenstand hineinpasst. Aus diesen wählt er dann den Karton mit der kleinsten Nummer (laut Beschriftung) aus und legt den Gegenstand vorsichtig hinein. Gibt es keinen solchen Karton, so nimmt er sich einen neuen leeren Karton, beschriftet diesen (hat er bisher k beschriftete Kartons, so schreibt er "Karton $k+1$" auf den neuen Karton) und legt den Gegenstand hinein. Nach insgesamt m solchen Schritten sind alle Gegenstände verpackt.

(a) Wie Sie als Experte für Algorithmen sicherlich bereits bemerkt haben, hat Doktor Meier bei seinem Umzug mit dem Problem BIN-PACKING zu tun. Formulieren Sie Doktor Meiers Problem als Optimierungsproblem und zeigen Sie, dass BIN-PACKING das zugehörige Entscheidungsproblem ist.

(b) Formulieren Sie den oben beschriebenen Algorithmus in Pseudocode (also unter Verwendung von Variablen, Wertzuweisungen, Fallunterscheidungen, Schleifen und ähnlichem); geben Sie dabei insbesondere an, was die Eingabe und Ausgabe des Algorithmus ist. Zeigen sie außerdem, dass dieser Algorithmus ein Approximationsalgorithmus für das Optimierungsproblem aus Aufgabenteil (a) ist.

(c) Wir gehen im Folgenden davon aus, dass die Gegenstände nicht alle in einen Karton passen, also dass $\sum_{i=1}^{m} s_i > 1$ gilt. Zeigen Sie, dass die Anzahl der benötigten Kartons beim FIRST-FIT-Algorithmus stets kleiner oder gleich $\lceil 2 \cdot \sum_{i=1}^{m} s_i \rceil - 1$ ist.

    Hinweis: Überlegen Sie sich, wie viele Kartons nach Anwendung des Algorithmus jeweils höchstens zur Hälfte gefüllt sind.

(d) Zeigen Sie, dass es Eingaben gibt, für die die obere Schranke aus Aufgabenteil (c) eine kleinste obere Schranke für die minimale Anzahl der benötigten Kartons darstellt, d. h., geben Sie Eingaben an, für die es keine Lösung mit weniger als $\lceil 2 \cdot \sum_{i=1}^{m} s_i \rceil - 1$ Kartons gibt.

    Hinweis: Betrachten Sie Eingaben der Form $s_i = \frac{1}{2} + \varepsilon$.

(e) Verwenden Sie die Abschätzung aus Aufgabenteil (c), um zu zeigen, dass der FIRST-FIT-Algorithmus ein 2-Approximationsalgorithmus für das hier betrachtete Optimierungsproblem ist.

    Hinweis: Überlegen Sie sich, wie viele Kartons bei einer optimalen Lösung mindestens benötigt werden.

(f) Welche Verbesserungsmöglichkeiten sehen Sie beim FIRST-FIT-Algorithmus? Erläutern Sie jeweils kurz, warum Sie diese für sinnvoll halten. ◀

Übungsaufgabe[L] 59. Aus Übungsaufgabe 22 kennen Sie bereits den Begriff der Zusammenhangskomponenten.

Das *Komponentenproblem* KOMP ist nun wie folgt definiert:

$$\text{KOMP} := \left\{ \langle G, k \rangle \;\middle|\; \begin{array}{l} G = (V, E) \text{ ist ein ungerichteter Graph,} \\ \text{der mindestens } k \text{ verschiedene maxi-} \\ \text{male Zusammenhangskomponenten be-} \\ \text{sitzt.} \end{array} \right\}$$

Definieren Sie nun ein Optimierungsproblem $\mathcal{P} \in \text{NPO}$, dessen zugehöriges Entscheidungsproblem das Problem *Komp* ist! Insbesondere müssen Sie also beweisen, dass $\mathcal{P} \in \text{NPO}$ und dass $\mathcal{P}_D = Komp$ gilt. ◀

Was haben wir in diesem Kapitel gesehen?

Zuerst haben wir uns mit dem Handlungsreisenden-Problem befasst. Wir haben gesehen, dass es leider nicht in der Klasse APX liegt. Anschließend haben wir daraus ein Verfahren konstruiert mit dem man zeigen kann, dass Probleme nicht in der Klasse APX liegen. Danach haben wir die metrische Variante von MinTSP untersucht und hier zunächst einen 2-Approximationsalgorithmus konstruiert, den wir danach mit der Christofides-Heuristik auf $\frac{3}{2}$ verbessern konnten. Hiernach untersuchten wir MinPART, welches eine interessante Eigenschaft hatte und in die Klasse PTAS fiel. Danach konnten wir für MaxSAT noch einen APX-Algorithmus angeben.

Welche Aussagen sind richtig, welche falsch?

- ✓ × Wenn MinTSP $\in$ APX, dann gilt P $=$ NP.
- ✓ × Sei P $\neq$ NP. Nun gilt MinTSP $\in$ APX.
- ✓ × Es gilt PTAS $\subseteq$ NPO.
- ✓ × Wenn MinTSP $\in$ PO, dann auch MinPART $\in$ PO.
- ✓ × Wenn MinTSP $\in$ PTAS, dann ist P $=$ NP.

Weiterführende Literatur

- MinTSP, MinMTSP (Ausiello et al., 1999, S.94–100)
- PartAS
  - (Ausiello et al., 1999, S.102–105)
  - (Bovet & Screscenzi, 1994, S.122–123)
- GSAT
  - (Selman, Levesque & Mitchell, 1992)
  - (Papadimitriou, 1993, S.301–302)
- Gap technique
  - (Ausiello et al., 1999, S.100–102)

  - (Bovet & Screscenzi, 1994, S.121)

- Berechnung minimaler Spannbaume
  (Ottmann & Widmayer, 2012, Abschnitt 8.6)
- Vollständiger Matchings mit minimalem Gewicht berechnen
  (Ottmann & Widmayer, 2012, Abschnitt 8.8.2)

Lösungen zu Kapitel 7

Lösung zu Aufgabe 58 von Seite 157

(a) Das Optimierungsproblem MinBIN-PACKING sei wie folgt definiert:

Instanz: eine Menge von m Gegenständen mit den Größen $s_1, \ldots, s_m \in [0,1] \cap \mathbb{Q}$

Lösungen: Partitionierung $I_1 \dot{\cup} \ldots \dot{\cup} I_K = \{1, \ldots, m\}$, sodass: $\sum_{i \in I_j} s_i \leq 1$ für $1 \leq j \leq K$

Maß: die Anzahl der verwendeten I_j, also die Größe von K

Ziel: Minimierung

Das zugehörige Entscheidungsproblem ist definiert über

$$\text{MinBinPacking}_D := \{\langle x, K\rangle \mid x \in I \text{ und } m^\star(x) \leq K\},$$

und beschreibt Mengen von m Gegenständen mit den Größen $s_1, \ldots, s_m \in [0,1] \cap \mathbb{Q}$, für die es eine optimale Partitionierung $I_1 \uplus \cdots \uplus I_K$ mit $\sum_{i \in I_j} a_i \leq 1$ für $1 \leq j \leq K$ besitzen.

Wir erinnern uns, dass BIN-PACKING als die Menge

$$\left\{ \langle a_1, \ldots, a_n, K\rangle \;\middle|\; \begin{array}{l} n, K \in \mathbb{N}, a_1 \ldots, a_n \in \mathbb{Q} \cap [0,1] \\ \text{und es gibt eine Partitionierung} \\ I_1 \uplus \cdots \uplus I_K = \{1, \ldots, n\} \text{ mit} \\ \displaystyle\sum_{i \in I_j} a_i \leq 1 \text{ für } 1 \leq j \leq K \end{array} \right\}$$

definiert war. Nun gilt BIN-PACKING $\subseteq$ MinBIN-PACKING$_D$, da jede Menge von Gegenständen, die in K Behälter passt, eine optimale Verpackung in $\leq K$ Kartons hat. Andererseits ist jede Verpackung in K Behälter auch eine Verpackung in $K' \geq K$ und damit MinBIN-PACKING$_D$ $\subseteq$ BIN-PACKING.

Also insgesamt BIN-PACKING$_D$ = BIN-PACKING.

(b) Der gesuchte Algorithmus in Pseudocode lautet:

Eingabe: $s_1, \ldots, s_m \in [0,1] \cap \mathbb{Q}$

$k \leftarrow 1;$

$I_k \leftarrow \emptyset;$

$i \leftarrow 1;$

```
while i ≤ m do
    j ← 1;
    new ← true;
    while j ≤ k do
        if s_i + ∑_{l∈I_j} s_l ≤ 1 then
            I_j ← I_j ∪ {i};
            new ← false;
            break while;
        j ← j + 1;
    if new then
        k ← k + 1;
        I_k ← {i};
    i ← i + 1;
Ausgabe: k, I_1, ..., I_k;
```

Die Ausgabe $A(x)$ vom obigen Algorithmus liefert eine mögliche Partitionierung von m Gegenständen, welches einer möglichen Lösung zur Instanz x entspricht. In Zeichen:

$$A(x) \in s(x)$$

Also ist obiger Algorithmus ein Approximationsalgorithmus für MinBIN-PACKING.

(c) Gelte $\sum_{i=1}^{m} s_i > 1$. Zu zeigen: Die Anzahl der benötigten Kartons ist stets kleiner oder gleich

$$\left\lceil 2 \cdot \sum_{i=1}^{m} s_i \right\rceil - 1.$$

Nach Anwendung des Algorithmus haben wir k Kartons, von denen maximal einer zur Hälfte (oder weniger) gefüllt ist (gäbe es zwei, so könnte man diese zu einem Karton packen).

Wenn alle Kartons mehr als zur Hälfte gefüllt sind, dann folgt:

$$\sum_{i=1}^{m} s_i > k \cdot \frac{1}{2} \quad \Rightarrow 2 \cdot \sum_{i=1}^{m} s_i > k \quad \Rightarrow \lceil 2 \cdot \sum_{i=1}^{m} s_i \rceil \geq k+1.$$

Wenn es einen Karton gibt, der nur zu $\frac{1}{2} - \varepsilon$ gefüllt ist (für ein $\varepsilon > 0$), dann müssen die übrigen $k-1$ Kartons jeweils zu mehr als $\frac{1}{2} + \varepsilon$ gefüllt sein (sonst könnte man den kleinen zu einem großen dazupacken). Also folgt:

$$\sum_{i=1}^{m} s_i > \frac{1}{2} - \varepsilon + (k-1) \cdot (\frac{1}{2} + \varepsilon) = k \cdot \frac{1}{2} + (k-2) \cdot \varepsilon \overset{*}{\geq} k \cdot \frac{1}{2}$$

$$\Rightarrow 2 \cdot \sum_{i=1}^{m} s_i > k \quad \Rightarrow \lceil 2 \cdot \sum_{i=1}^{m} s_i \rceil \geq k+1,$$

*: $k \geq 2$ nach Voraussetzung.

(d) Es gebe m Gegenstände, wo jeder Gegenstand eine Größe $s_i = 0.5 + \varepsilon$ mit $\varepsilon > 0$ besitzt, sodass m Kartons benötigt werden. Der Wert von ε sei beliebig nahe 0. Damit ist

$$\begin{aligned} \left\lceil 2 \cdot \sum_{i=1}^{m} s_i \right\rceil - 1 &= \left\lceil 2 \cdot \left(\frac{m}{2} + m \cdot \varepsilon\right) \right\rceil - 1 \\ &= \lceil m + 2 \cdot m \cdot \varepsilon \rceil - 1 \to m \qquad \text{für } \varepsilon \to 0 \end{aligned}$$

Die Abschätzung konvergiert also für solche Fälle gegen die optimale Lösung und ist damit nicht zu grob.

(e) Die hier gesuchte *Performanzrate* von y bzgl. x lautet (da goal = min)

$$R_A(x) = \frac{m(x, A(x))}{m^\star(x)} \leq \frac{\lceil 2 \cdot \sum_{i=1}^{m} s_i \rceil - 1}{\lceil \sum_{i=1}^{m} s_i \rceil} \leq 2$$

Damit ist $2 \geq r(n)$ und r konstant. Also ist First-Fit ein 2-Approximationsalgorithmus.

(f) Die Gegenstände der Größe nach absteigend sortieren, sodass erst die großen Gegenstände verteilt werden und zum Ende die kleinen auf die vorhandenen. Dadurch kann es nicht passieren, dass viele kleine Gegenstände den Platz von einem Großen wegnehmen.

Beispielsweise ergibt $(0.1, 0.5, 0.8, 0.5)$ ohne Sortierung die Anordnung $(0.1, 0.5), (0.8), (0.5)$.

Mit Sortierung hingegen erhalten wir ausgehend von $(0.8, 0.5, 0.5, 0.1)$ die Aufteilung $(0.8, 0.1), (0.5, 0.5)$.

Natürlich gibt es noch andere Möglichkeiten für eine Art der Sortierung. Überlegen Sie sich einige und versuchen Sie sowohl gute Instanzen zu finden, bei denen die Aufteilung sehr gut passt, als auch Instanzen, für die die Aufteilung sehr schlecht wird.

◀

Lösung zu Aufgabe 59 von Seite 159

Instanzen: Ungerichtete Graphen $G = (V, E)$.

Lösungen: Menge $\{M_1, M_2, \ldots, M_k\}$ von verschiedenen maximalen Zusammenhangskomponenten von G.

Maß: Anzahl k der Zusammenhangskomponenten.

Ziel: Maximierung.

Nun ist

$$\mathcal{P}_D := \left\{ \langle x, K\rangle \;\middle|\; \begin{array}{l} x = \langle G\rangle : G \text{ ist ein ungerichte-} \\ \text{ter Graph mit } \geq K \text{ verschiedenen} \\ \text{maximalen Zusammenhangskompo-} \\ \text{nenten.} \end{array} \right\} = \text{KOMP}$$

$\mathcal{P} \in \text{NPO}$: Lösungen effizient überprüfbar: Prüfe für alle $v \in V$ und $i \in \{1, \ldots, k\}$, ob $M_i \cup \{v\}$ eine Zusammenhangskomponente ist. Dies geht zum Beispiel mit Hilfe von Übungsaufgabe 22. ◀

Kurzfragen Lösungen: $\checkmark, \times, \checkmark, \checkmark, \checkmark$

Teil IV.

Anhang

xkcd — Regular Expressions

Graphen

Ein *ungerichteter Graph* $G = (V, E)$ besteht aus einer endlichen *Knotenmenge* V und einer *Kantenrelation* $E \subseteq \{\{u, v\} \mid u, v \in V\}$. Wir sagen G ist *gerichtet*, wenn $E \subseteq \{(u, v) \mid u, v \in V\}$ gilt, d. h. die Paare aus E geordnet sind.

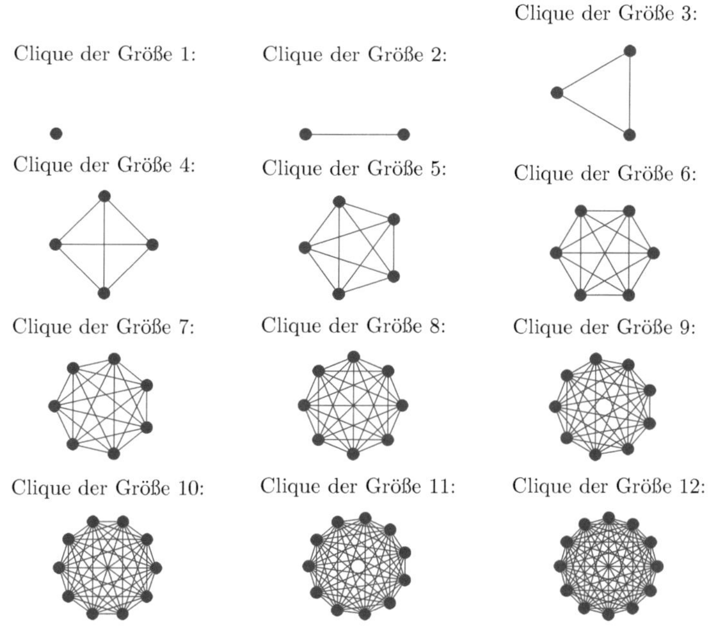

Abbildung 1.: Die ersten zwölf vollständigen Graphen.

Die *Nachbarschaft* eines Knoten u im Graphen G ist die Menge $\{v \mid \{u, v\} \in E\}$. Der *Knotengrad* von u ist dann die Größe seiner Nachbarschaft, also $|\{v \mid \{u, v\} \in E\}|$. Der Graph $G' = (V', E')$ ist ein *(von V') induzierter Teilgraph* von $G = (V, E)$, falls $V' \subseteq V$

und $E' = E \cap \{\{u, v\} \mid u, v \in V'\}$ gelten. Analog kann dieser Begriff auch auf gerichtete Graphen übertragen werden. Ein ungerichteter Graph G heißt *vollständig*, falls für alle $u, v \in V$ auch $\{u, v\} \in E$ gilt. Wir sagen G heißt *k-vollständig* (oder: *Clique der Größe* k) für $k \in \mathbb{N}$, falls G vollständig ist und außerdem $|V| = k$ gilt.

Aussagenlogik

In diesem Abschnitt wollen wir kurz einige Grundlagen der Aussagenlogik wiederholen.

Definition 34. Das Alphabet Σ_{AV} der Aussagenlogik besteht aus

Die Sprache der Aussagenlogik

(i) den Zeichen p und I; diese werden verwendet, um Zeichenketten der Form $p\underbrace{I\ldots I}_{i \text{ mal}}$ zu bilden, die wir auch mit p_i abkürzen; $\text{Var} = \{p_1, p_2, p_3, \ldots\}$ ist die Menge der *aussagenlogischen Variablen*,

(ii) den Konstanten 0, 1,

(iii) den Konnektoren
- $\wedge$ (Konjunktion)
- $\vee$ (Disjunktion)
- $\neg$ (Negation)
- $\rightarrow$ (Implikation)
- $\leftrightarrow$ (Biimplikation)

(iv) und den Klammersymbolen (,).

Formal ist also

$$\Sigma_{\text{AV}} = \{p, I, 0, 1, \wedge, \vee, \neg, \rightarrow, \leftrightarrow, (,)\} \ .$$

Über dem Alphabet Σ_{AV} definieren wir jetzt induktiv die Menge der aussagenlogischen Formeln Form. Formal ist Form eine Sprache über Σ_{AV}, d.h. $\mathsf{Form} \subseteq \Sigma_{\text{AV}}^*$. ◀

Definition 35. Die Menge der *aussagenlogischen Formeln Form* ist induktiv definiert als:

Syntax der Aussagenlogik

(i) Jede Variable $p \in \mathsf{Var}$ und Konstante $0, 1$ ist in Form.

(ii) Seien $\varphi, \psi \in \mathsf{Form}$. Dann ist auch

- $\neg\varphi \in \mathsf{Form}$
- $(\varphi \vee \psi) \in \mathsf{Form}$
- $(\varphi \wedge \psi) \in \mathsf{Form}$
- $(\varphi \rightarrow \psi) \in \mathsf{Form}$
- $(\varphi \leftrightarrow \psi) \in \mathsf{Form}$. ◄

Wir nutzen die folgenden Klammersparungsregeln:

- Äußere Klammern werden weggelassen.
- $\neg$ bindet am stärksten,
- $\wedge$ bindet stärker als $\vee$ und
- $\vee$ wiederum bindet stärker als $\rightarrow$ und $\leftrightarrow$.
- Für mehrfache Konnektoren desselben Typs werden die Klammern von rechts nach links gesetzt, z.B. $p \rightarrow q \rightarrow r$ entspricht $(p \rightarrow (q \rightarrow r))$.

Zum Beispiel kann die Formel

$$((p_1 \vee (p_2 \vee p_3)) \leftrightarrow (p_1 \wedge \neg p_2))$$

verkürzt als

$$p_1 \vee p_2 \vee p_3 \leftrightarrow p_1 \wedge \neg p_2$$

geschrieben werden. Für $((p_1 \vee p_2) \wedge p_3)$ dürfen wir aber nicht $p_1 \vee p_2 \wedge p_3$ schreiben.

Zusätzlich verwenden wir noch die folgenden Abkürzungen:

$$\bigwedge_{i=1}^{n} \varphi_i \quad \text{für} \quad \varphi_1 \wedge \cdots \wedge \varphi_n \quad \text{und}$$

$$\bigvee_{i=1}^{n} \varphi_i \quad \text{für} \quad \varphi_1 \vee \cdots \vee \varphi_n \;.$$

Für eine aussagenlogische Formel φ definieren wir $\mathrm{Var}(\varphi)$ als die Menge ihrer aussagenlogischen Variablen, d. h. $\mathrm{Var}(\varphi) = \mathrm{Var} \cap \mathrm{sub}(\varphi)$.

Definition 36. Eine *aussagenlogische Belegung* α ist eine Abbildung

Die Semantik der Aussagenlogik

$$\theta\colon \mathrm{Var} \to \{0,1\}.$$

◀

Eine Belegung θ kann zu einer Abbildung

$$\theta'\colon \mathsf{Form} \to \{0,1\}$$

erweitert werden vermöge von:

(i) $\theta'(p) = \alpha(p)$ für $p \in \mathrm{Var}$.

(ii) $\theta'(0) = 0$ und $\theta'(1) = 1$.

(iii) Für $\varphi, \psi \in \mathsf{Form}$ ergibt sich für die Konnektoren $\circ \in \{\wedge, \vee, \to, \leftrightarrow\}$ die Definition von $\theta'(\neg\varphi)$ sowie $\theta'(\varphi \circ \psi)$ aus nachfolgender Tabelle.

$\theta'(\varphi)$	$\theta'(\psi)$	$\theta'(\neg\varphi)$	$\theta'(\varphi \wedge \psi)$	$\theta'(\varphi \vee \psi)$	$\theta'(\varphi \to \psi)$	$\theta'(\varphi \leftrightarrow \psi)$
0	0	1	0	0	1	1
0	1	1	0	1	1	0
1	0	0	0	1	0	0
1	1	0	1	1	1	1

Wir nennen θ eine *Belegung für eine Formel* φ (oder passend für φ), falls θ eine Abbildung

$$\theta\colon \mathrm{Var}(\varphi) \to \{0,1\}$$

ist, die zu einer gewöhnlichen Belegung erweitert werden kann, indem θ für $\mathrm{Var} \setminus \mathrm{Var}(\varphi)$ beliebig definiert wird.

θ ist eine *erfüllende Belegung* für eine Formel φ, falls $\alpha'(\varphi) = 1$. Hierfür schreiben wir auch

$$\theta \models \varphi$$

und nennen θ ein *Modell* für φ. Ist Φ eine Formelmenge, so schreiben wir

$$\theta \models \Phi,$$

falls $\theta \models \varphi$ für alle $\varphi \in \Phi$ gilt.

Die Menge aller erfüllbaren Formeln wird bezeichnet mit

$$\mathrm{SAT} = \{\langle\varphi\rangle \mid \text{ es gibt eine Belegung } \theta \text{ mit } \theta \models \varphi\}.$$

Eine Formel φ ist eine *Tautologie*, falls sie durch alle Belegungen erfüllt wird. Wir verwenden die Bezeichnung $\models \varphi$. Die Menge aller Tautologien ist

$$\text{TAUT} = \{\langle\varphi\rangle \mid \models \varphi\} \ .$$

Satz 35. Es gilt $\varphi \notin \text{SAT} \Leftrightarrow \neg\varphi \in \text{TAUT}$. ◀

Beweis Es gilt

$$\begin{aligned} \varphi \notin \text{SAT} &\Leftrightarrow \text{Für alle Belegungen } \alpha \text{ gilt } \alpha \not\models \varphi \\ &\Leftrightarrow \text{Für alle Belegungen } \alpha \text{ gilt } \alpha \models \neg\varphi \\ &\Leftrightarrow \neg\varphi \in \text{TAUT}. \end{aligned}$$

■

Einen einfachen, aber ineffizienten Test, ob eine gegebene aussagenlogische Formel φ eine Tautologie ist, liefert die Wahrheitstafelmethode. Dabei wird φ einfach unter allen Belegungen für φ ausgewertet. Ebenso kann die Erfüllbarkeit von φ getestet werden. Beachten muss man hierbei, dass die Größe dieser Tafel $n \cdot 2^n$ beträgt, wobei n die Anzahl der Variablen von φ ist.

Normalformen spielen eine wichtige Rolle, wie zum Beispiel bei dem Problem 3SAT, welches in Abschnitt 4.3 eine Rolle spielen wird. Hierzu präsentieren wir die grundlegenden Definitionen.

Literale, Klausel

Definition 37. Literale sind negierte oder unnegierte Variablen. Eine Klausel ist eine endliche Menge von Literalen. ◀

Normalformen

Definition 38.

(i) Eine Formel φ ist in *konjunktiver Normalform* (KNF), falls

$$\varphi = \bigwedge_{i=1}^{n} \bigvee_{j=1}^{m_i} L_{ij}$$

mit Literalen L_{ij}. Alternativ fassen wir φ als eine Menge $\{C_1, \ldots, C_n\}$ von Klauseln auf mit

$$C_i = \{L_{ij} \mid j = 1, \ldots, m_i\} \ .$$

(ii) Eine Formel φ ist in *disjunktiver Normalform* (DNF), falls

$$\varphi = \bigvee_{i=1}^{n} \bigwedge_{j=1}^{m_i} L_{ij}$$

mit Literalen L_{ij}. ◀

Die Modellbeziehung $\models$ übertragen wir folgendermaßen auf Klauseln und Klauselmengen. Eine Klausel C wird durch eine Belegung θ erfüllt, falls θ mindestens ein Literal aus C erfüllt, wofür wir wieder $\theta \models C$ schreiben. Eine Klauselmenge $\Gamma = \{C_1, \dots, C_n\}$ wird durch θ erfüllt (Schreibweise $\theta \models \Gamma$), falls $\theta \models C_i$ für $i = 1, \dots, n$. Die leere Klausel wird mit $\Box$ bezeichnet und ist unerfüllbar.

Satz 36. Jede aussagenlogische Formel ist äquivalent zu einer aussagenlogischen Formel in KNF sowie zu einer aussagenlogischen Formel in DNF. ◀

Der Beweis des Satzes ergibt sich aus dem folgenden algorithmischen Verfahren zum Umformen einer beliebigen aussagenlogischen Formel in eine äquivalente Formel in KNF:

Eingabe: eine Formel φ

while es kommt eine Teilformel $\psi \to \theta$ oder $\psi \leftrightarrow \theta$ vor **do**
  Ersetze jedes Vorkommen $\psi \to \theta$ durch $\neg\psi \vee \theta$
  Ersetze jedes Vorkommen $\psi \leftrightarrow \theta$ durch $(\psi \wedge \theta) \vee (\neg\psi \wedge \neg\theta)$
while es kommt eine Teilformel $\neg\neg\psi$, $\neg(\psi \wedge \theta)$ oder $\neg(\psi \vee \theta)$ vor **do**
  Ersetze jedes Vorkommen $\neg\neg\psi$ durch ψ
  Ersetze jedes Vorkommen $\neg(\psi \wedge \theta)$ durch $\neg\psi \vee \neg\theta$
  Ersetze jedes Vorkommen $\neg(\psi \vee \theta)$ durch $\neg\psi \wedge \neg\theta$
while es kommt eine Teilformel $\psi \vee (\sigma \wedge \theta)$ oder $(\sigma \wedge \theta) \vee \psi$ vor **do**
  Ersetze jedes Vorkommen $\psi \vee (\sigma \wedge \theta)$ durch $(\psi \vee \sigma) \wedge (\psi \vee \theta)$
  Ersetze jedes Vorkommen $(\sigma \wedge \theta) \vee \psi$ durch $(\sigma \vee \psi) \wedge (\theta \vee \psi)$

Analog kann man einen Algorithmus zum Umformen in DNF angeben.

Eine zweite Möglichkeit für die Erstellung einer DNF ist das direkte Ablesen aus der Wahrheitstafel. Für jede Zeile der Wahrheitstafel, die den Wert 1 hat, gibt es ein Disjunktionsglied. Ist p_i in der

Zeile mit 1 belegt, so enthält das Disjunktionsglied (das selbst eine Konjunktion ist) das Literal p_i. Andernfalls das Literal $\neg p_i$.

Für die Erstellung einer KNF aus der Wahrheitstafel werden die Zeilen mit Wert 0 als Konjunktionsglieder kodiert. Ist p_i in der Zeile mit 0 belegt, so enthält das Konjunktionsglied (das selbst eine Disjunktion ist) das Literal p_i. Andernfalls das Literal $\neg p_i$.

Wir bemerken noch, dass es nicht möglich ist, beliebige Formeln effizient in KNF oder DNF umzuformen.

Bemerkung. Es existiert eine Folge von Formeln φ_n mit $2n$ Literalen, sodass φ_n polynomiell groß ist in n, jedoch jede zu φ_n äquivalente Formel ψ_n in KNF mindestens 2^n Klauseln besitzt. ◀

Beweis *(Idee)* Betrachte die Formeln

$$\varphi_n = \bigvee_{i=1}^{n} p_{i,1} \wedge p_{i,2} \ .$$

Die zu φ_n minimale äquivalente Formel in KNF ist

$$\psi_n = \bigwedge_{j_1,\ldots,j_n \in \{1,2\}} p_{1,j_1} \vee \cdots \vee p_{n,j_n} \ .$$

Offenbar ist ψ_n in KNF und enthält genau 2^n viele Klauseln. ■

Korollar 4. Es gibt keinen effizienten Algorithmus (d. h. mit polynomieller Laufzeit), der beliebige aussagenlogische Formeln in äquivalente Formeln in KNF umformt. ◀

Kommen wir nun (noch mal) zum vielleicht prominentesten Vertreter der Klasse NP: Erfüllbarkeit aussagenlogischer Formeln.

Beispiel 19.

$$\mathrm{SAT} = \{\langle\varphi\rangle \mid \varphi \text{ ist aussagenlogische, erfüllbare Formel}\}$$

Hier ist der $\exists$-Quantor ein wenig versteckt im Wort *erfüllbar*, welches meint, dass es eine erfüllende Belegung (also eine Funktion, welche den Variablen Wahrheitswerte zuordnet) gibt.

Also gilt $\mathrm{SAT} \in \mathrm{NP}$ über die folgende Übungsaufgabe. ◀

Übungsaufgabe 60. Zeigen Sie, dass die Evaluation von aussagenlogischen Formeln in Polynomialzeit geht. Gehen Sie dazu der Einfachheit halber davon aus, dass Formeln nur die Operatoren $\wedge, \vee, \neg$ (sowie Klammersymbole) verwenden. ◀

Klausuren

Wie bereits im Vorwort erwähnt, kann dieses Buch als eigenständige Lerneinheit, die einer zweistündigen Vorlesung zusammen mit einer zweistündigen Übung entspricht, gesehen werden. Hierzu bieten wir in diesem Kapitel zwei Musterklausuren an, welche Sie durcharbeiten können, um Ihren Wissensstand zu überprüfen. Die Bearbeitungszeit der Klausuren entspricht 75 Minuten. Während der Bearbeitung sind keine weiteren Hilfsmittel erlaubt. Die Klausuren sind vom System her als *Auswahl-Klausuren* konzipiert. Das bedeutet im Allgemeinen:

- Aufgaben 1 und 2 gehen sicher in die Wertung ein. Bei der Bearbeitung dieser Aufgaben sind keine Begründungen notwendig.
- Aus den Aufgaben 3–5 wählen Sie sich *zwei* aus. Bei diesen Aufgaben ist eine jeweilige Begründung Ihres Lösungsvorschlages notwendig, welcher mit in die Bewertung eingeht.

Die erste Aufgabe entspricht 8 Kurzfragen, die im Schema, wie Sie es bereits kennen, entworfen sind und am Ende eines jeden Kapitels in diesem Buch gesehen haben. Hier müssen Sie ankreuzen, ob die jeweilige Aussage richtig oder falsch ist. Außerdem haben Sie die Möglichkeit, kein Kreuz zu setzen, da falsche Kreuze 2 Minuspunkte erzeugen. Richtig gesetzte Kreuze bringen 2 Pluspunkte. Insgesamt können Sie jedoch nicht unter 0 Gesamtpunkte in dieser Aufgabe fallen.

Aufgabe 2 fragt Definitionen und Zusammenhänge ab. In den Aufgaben 3–5 werden Sie unter anderem die NP-Vollständigkeit einer Sprache zeigen, einen P-Algorithmus konstruieren, Zusammenhänge zwischen Komplexitätsklassen beweisen sowie Optimierungsprobleme definieren. Und nun wünschen wir Ihnen

Viel Erfolg!

Klausur 1

(1.) Welche der folgenden Aussagen sind richtig (✓) und welche falsch (×)?

Kreisen Sie hierzu die zugehörigen Symbole ein. Jeder korrekte Kreis gibt +2 Punkte, jeder falsche Kreis −2 Punkte, Sie können keine negative Gesamtpunktzahl für diese Aufgabe bekommen.

- Falls MinTSP $\in$ PTAS, dann ist P $=$ NP. ✓ ×
- Wenn es einen deterministischen Algorithmus gibt, der SUBSET-SUM entscheidet und in Zeit $O(n)$ läuft, dann gilt P $=$ NP. ✓ ×
- Alle NP-schweren Probleme können nichtdeterministisch in polynomieller Zeit entschieden werden. ✓ ×
- Es gibt Probleme in NP, die deterministisch in logarithmischem Platz entschieden werden können. ✓ ×
- Wenn $A \in \text{EXP}$ und $A \leq_m^{\text{P}} \text{SAT}$, dann gilt P $=$ NP. ✓ ×
- Wenn $s\colon \mathbb{N} \to \mathbb{N}$ raumkonstruierbar mit $s' \in O(s)$. Dann ist $\text{SPACE}(s') \subsetneq \text{SPACE}(s)$. ✓ ×
- Es gilt $\text{SPACE}(n^{O(1)}) = \text{NSPACE}(n^{O(1)})$. ✓ ×
- Ein Optimierungsproblem $\mathcal{P} = (I, s, m, t)$ ist NP-schwer gdw. I NP-vollständig ist. ✓ ×

(2.) Beantworten Sie folgende Wissensfragen.

Jede Teilaufgabe ist 2 Punkte wert.

(a) Wann gehört ein Optimierungsproblem zur Klasse NPO?

(b) Gegeben zwei Sprachen $A, B \subseteq \Sigma^*$. Wann gilt $A \leq_m^{\text{P}} B$?

(c) Gegeben ein Optimierungsproblem $\mathcal{P} = (I, s, m, t), x \in I_{\mathcal{P}}$ und $y \in s_{\mathcal{P}}(x)$. Wie ist die Performanzrate von y bezüglich x definiert?

(d) Wann gehört ein Optimerungsproblem zur Klasse PTAS?

(e) Wann ist eine Funktion f raumkonstruierbar?

(f) Wann ist eine Sprache $A \subseteq \Sigma^*$ NP-vollständig?

(3.) Beweisen Sie:

(a) $\text{NSPACE}(n) \subsetneq \text{NSPACE}(n^2 \cdot \log n)$. *(6 Punkte)*

(b) $\text{NTIME}(n^3) \subsetneq \text{PSPACE}$. *(6 Punkte)*

(4.) Ist $G = (V, E)$ ein gerichteter Graph, dann ist eine Knotenfolge $\kappa = v_0, v_1, \ldots, v_m$ ein *Zyklus von* G, wenn $v_0 = v_m$, $v_i \in V$ für $1 \leq i \leq m$ und $(v_i, v_{i+1}) \in E$ für $1 \leq i < m$. Ein Knoten $v \in V$ ist *Teil eines Zyklus von* G, wenn es einen Zyklus κ von G gibt mit $v \in \kappa$.

Beweisen Sie: Das Problem

$$\text{CYCLE} := \left\{ \langle\langle G, v\rangle\rangle \;\middle|\; \begin{array}{l} G = (V,E) \text{ ist ein gerichteter} \\ \text{Graph und } v \in V \text{ is Teil eines} \\ \text{Zyklus von } G. \end{array} \right\}$$

liegt in der Komplexitätsklasse P. *(12 Punkte)*

(5.) Zeigen Sie, dass das Problem SUBSET-VALUE-SUM (kurz: SVS)

$$\text{SVS} = \left\{ \left\langle \begin{array}{c} (x_1, v_1), \\ \ldots, \\ (x_n, v_n), \\ t \end{array} \right\rangle \;\middle|\; \begin{array}{l} n, x_1, \ldots, x_n, t \in \mathbb{N}, v_1, \ldots, v_n \in \\ \mathbb{Z} \text{ und es gibt eine Teilmenge } I \subseteq \\ \{1, \ldots, n\} \text{ mit } \sum_{i \in I} x_i = t \text{ und} \\ \sum_{i \in I} v_i \geq 0 \end{array} \right\}$$

NP-vollständig ist. *(12 Punkte)*

Lösung Klausur 1

Im Folgenden werden wir die Lösungen für Klausur 1 von Seite 179 vorstellen. Nachdem Sie die Lösungen durchgegangen sind, betrachten wir noch eine mögliche Notenskala für Ihr Resultat.

(1.) ✓, ✓, ×, ✓, ×, ×, ✓, ×. Hier eine Detailbegründung, die allerdings in der Klausur nicht nötig gewesen ist.

- Falls MinTSP $\in$ PTAS, dann ist P $=$ NP. ✓, da PTAS $\subseteq$ APX (vergl. Seite 157) und aus Satz 29 auf Seite 144 folgt dann die Aussage.
- Wenn es einen deterministischen Algorithmus gibt, der SUBSET-SUM entscheidet und in Zeit $O(n)$ läuft, dann gilt P $=$ NP. ✓, da TIME$(n) \subset$ P (vergl. Schaubild auf S. 38) und aus Satz 22 von S. 107 wissen wir, dass SUBSET-SUM NP-vollständig ist. Nun Satz 14 von S. 82 anwenden.
- Alle NP-schweren Probleme können nichtdeterministisch in polynomieller Zeit entschieden werden. ×, da aus dem Platzhierarchiesatz von S. 36 folgt NP $\subseteq$ PSPACE $\subsetneq$ SPACE$(2^{n^{O(1)}})$ und Probleme $A \in$ SPACE$(2^{n^{O(1)}})$ die SPACE$(2^{n^{O(1)}})$-vollständig sind nach der Definition 15 von S. 82 auch NP-schwer sein müssen. Also gibt es NP-schwere Probleme, die nachweislich nicht in NP entschieden werden können.
- Es gibt Probleme in NP, die deterministisch in logarithmischem Platz entschieden werden können. ✓, da aus dem Schaubild von S. 38 folgt, dass SPACE$(\log(n)) \subseteq$ NP gilt.
- Wenn $A \in$ EXP und $A \leq_m^{\mathrm{P}}$ SAT, dann gilt P $=$ NP. ×. Angenommen P $\neq$ NP. Dann gilt jedoch für zum Beispiel für $A =$ PATH auch $A \leq_m^{\mathrm{P}}$ SAT, da PATH $\in$ P nach S. 62.

- Wenn $s\colon \mathbb{N} \to \mathbb{N}$ raumkonstruierbar mit $s' \in O(s)$. Dann ist $\mathrm{SPACE}(s') \subsetneq \mathrm{SPACE}(s)$. $\times$, da der Platzhierarchiesatz von S. 36 fordert $s' \in o(s)$.
- Es gilt $\mathrm{SPACE}(n^{O(1)}) = \mathrm{NSPACE}(n^{O(1)})$. ✓, nach dem Satz von Savitch von S.31.
- Ein Optimierungsproblem $\mathcal{P} = (I, s, m, t)$ ist NP-schwer gdw. I NP-vollständig ist. $\times$. Eine Menge von Instanzen I kann nicht NP-vollständig sein. (Korrekt wäre die Frage, wenn statt I das zugehörige Entscheidungsproblem $\mathcal{P}_D$ genannt werden würde.)

(2.) Wissensfragen:

(a) Siehe Definition 19 von S. 132.

(b) Siehe Definition 14 von S. 79.

(c) Siehe Definition 24 von S. 136.

(d) Siehe Definition 32 von S. 156.

(e) Siehe Definition 11 von S. 30.

(f) Siehe Definition 15 von S. 82.

(3.) Beweisen Sie:

(a) Es gilt:

$$\begin{aligned}\mathrm{NSPACE}(n) \overset{1}{\subseteq} \mathrm{SPACE}(n^2) &\overset{2}{\subsetneq} \mathrm{SPACE}(n^2 \cdot \log n)\\ &\overset{3}{\subseteq} \mathrm{NSPACE}(n^2 \cdot \log n),\end{aligned}$$

da

1 : Satz 8 von S. 31

2 : Korollar 2 von S. 36

3 : Definition, $\mathrm{SPACE}(s) \subseteq \mathrm{NSPACE}(s)$ gilt immer

Jeweils 2 Punkte für jede Inklusion.

(b) Es gilt $\mathrm{NTIME}(n^3) \overset{1}{\subseteq} \mathrm{SPACE}(n^3) \overset{2}{\subsetneq} \mathrm{SPACE}(n^4) \overset{3}{\subseteq} \mathrm{PSPACE}$, da

1 : Satz 4 von S. 28

2 : Korollar 2 von S. 36

3 : Schaubild von S. 38

Jeweils 2 Punkte für jede Inklusion.

(4.) Im Prinzip machen wir eine Breitensuche im Graphen und schauen, ob wir einen Kreis finden können, auf dem wir von v wieder zurück zu v kommen können. Hierzu beschriften wir die einzelnen Entfernungs-Level i von v mit einer natürlichen Zahl i. *(Idee gibt 2 Punkte).*

Der folgende P-Algorithmus entscheidet CYCLE.

```
Eingabe: Graph G = (V, E), Knoten v.
Markiere v mit 0
for 1 ≤ i ≤ |V| do
    for u ∈ V markiert mit i − 1 do
        for w ∈ V mit (u, w) ∈ E do
            if w = v then
                akzeptiere
            Markiere w mit i
verwerfe
```

Der Algorithmus läuft über drei verschachtelte **for**-Schleifen. Die erste benötigt $O(|V|)$ Zeit, die zweite $O(|V|)$ und die dritte $O(|V|^2)$. Insgesamt also eine Laufzeit von $O(|V|^4)$. Insgesamt polynomielle Laufzeit. Also ist CYCLE in P. *(Laufzeit ergibt 2 Punkte)*

(Der Algorithmus gibt 8 Punkte.)

(5.) Hierzu müssen wir Mitgliedschaft in NP, sowie NP-Schwere zeigen.

Wir zeigen, dass SVS NP-schwer ist, indem wir die Reduktion SUBSET-SUM $\leq_m^{\mathrm{P}}$ SVS zeigen. Da SUBSET-SUM bereits ein NP-schweres Problem ist (vergl. S. 107), folgt aus der Transitivität von $\leq_m^{\mathrm{P}}$ (vergl. Satz 13 von S. 81), dass für alle Probleme $C \in$ NP auch $C \leq_m^{\mathrm{P}}$ SVS gilt. Nun geben wir konkret die Reduktionsfunktion f an, welche Instanzen aus SUBSET-SUM auf Instanzen aus SVS umformt:

$$\langle x_1, \ldots, x_n, t \rangle \mapsto \langle (x_1, 1), \ldots, (x_n, 1), t \rangle \,.$$

(4 Punkte für die Funktion)

Nun zeigen wir, dass $x \in$ SUBSET-SUM $\Rightarrow f(x) \in$ SVS gilt: Ist $\langle x_1, \ldots, x_n, t\rangle \in$ SUBSET-SUM, dann gibt es eine Teilmenge $I \subseteq \{1, \ldots, x_n\}$ mit $\sum_{i \in I} x_i = t$. Für diese Summe gilt außerdem in der Instanz $\langle(x_1, 1), \ldots, (x_n, 1)\rangle$, dass $\sum_{i \in I} v_i \geq 0$. Ist $|I| > 0$, dann ist diese Summe sogar ≥ 1. Also gilt $\langle(x_1, 1), \ldots, (x_n, 1), t\rangle \in$ SVS.

Nun zeigen wir, dass $x \notin$ SUBSET-SUM $\Rightarrow f(x) \notin$ SVS gilt: Ist $\langle x_1, \ldots, x_n, t\rangle \notin$ SUBSET-SUM, dann gibt es kein $I \subseteq \{1, \ldots, n\}$ mit $\sum_{i \in I} x_i = t$. Also gibt es ein solches I auch nicht für $\langle(x_1, 1), \ldots, (x_n, 1)\rangle$, sodass die x_i auf t summieren. Also gilt $\langle(x_1, 1), \ldots, (x_n, 1), t\rangle \notin$ SVS.

Insgesamt folgt also:

$$\langle x_1, \ldots, x_n, t\rangle \in \text{SUBSET-SUM} \Leftrightarrow f(\langle x_1, \ldots, x_n, t\rangle) \in \text{SVS}.$$

Die Reduktion f ist in Polynomialzeit berechenbar, weil wir lediglich eine Identität berechnen und die zugehörigen v_is nur auf 1 setzen.
(4 Punkte für die Äquivalenz)

Insgesamt ist SVS damit NP-schwer. □

Nun zur Mitgliedschaft in NP. Der folgende Überprüfungsalgorithmus leistet das Gewünschte.

Eingabe: Liste von natürlichen Zahlen $x_1, \ldots, x_n$, natürliche Zahl t, Menge $I \subseteq \{1, \ldots, n\}$

Prüfe, dass $|I| \leq n$ gilt.
Prüfe, dass nur Indizes aus $\{1, \ldots, n\}$ in I auftauchen.
Berechne $\sum_{i \in I} x_i$ und teste, ob sie gleich t ist.
Berechne $\sum_{i \in I} v_i$ und teste, ob sie ≥ 0 ist.
Falls immer ja: akzeptieren. Sonst: ablehnen.

Wir verwenden Satz 11 von S. 66 in unserer Argumentation. Der deterministische Polynomialzeit-Algorithmus überprüft SVS.

(4 Punkte für den Algorithmus und die Begründung)

Notenskala

Die folgende Notenskala soll ein kleines Indiz dafür sein, wie gut Sie die Klausur gelöst haben. Natürlich ist dies keine Garantie dafür, dass Ihr Wissenstand genau widergespiegelt wird.

Note	nötige Mindestpunktzahl
1,0	ab 50 Punkte
1,3	ab 47 Punkte
1,7	ab 45 Punkte
2,0	ab 42 Punkte
2,3	ab 39 Punkte
2,7	ab 37 Punkte
3,0	ab 34 Punkte
3,3	ab 32 Punkte
3,7	ab 29 Punkte
4,0	ab 26 Punkte

Unter 26 Punkten hätten Sie die Klausur nicht bestanden.

Klausur 2

(1.) Welche der folgenden Aussagen sind richtig (✓) und welche falsch (×)?

Kreisen Sie hierzu die zugehörigen Symbole ein. Jeder korrekte Kreis gibt +2 Punkte, jeder falsche Kreis −2 Punkte, Sie können keine negative Gesamtpunktzahl für diese Aufgabe bekommen.

- Sei $t(n) \geq n$ für alle $n \in \mathbb{N}$. Dann gilt $\mathrm{NTIME}(t(n)) \subseteq \mathrm{SPACE}(2^{O(t(n))})$. ✓ ×
- Wenn es einen deterministischen Algorithmus gibt, der SUBSET-SUM entscheidet und in Zeit $\mathrm{O}(n)$ läuft, dann gilt $\mathrm{P} = \mathrm{NP}$. ✓ ×
- Es gilt $\mathrm{TIME}(n^{O(1)}) \subsetneq \mathrm{NTIME}(2^{n^{O(1)}})$. ✓ ×
- Für alle Sprachen A, B gilt: $A \leq_m^p B \Leftrightarrow B \leq_m^p A$. ✓ ×
- Falls es ein $c \in \mathbb{N}$ gibt, sodass MinTSP einen c-Approximationsalgorithmus besitzt, dann ist $\mathrm{P} = \mathrm{NP}$. ✓ ×
- Für jede Sprache A mit $\mathrm{CLIQUE} \leq_m^p A$ gilt: $A \in \mathrm{NP}$. ✓ ×
- Ist $L, L' \in \mathrm{NP}$, so gilt auch $L \cup L' \in \mathrm{NP}$. ✓ ×
- Es gilt $\text{SUBSET-SUM} \leq_m^p \mathrm{SAT}$. ✓ ×

(2.) Beantworten Sie folgende Wissensfragen.

Jede Teilaufgabe ist 2 Punkte wert.

(a) Ordnen Sie die Klassen APX, PTAS, PO und NPO bezüglich der Relation $\subseteq$ an.

(b) Gegeben zwei Sprachen $A, B \subseteq \Sigma^*$. Wann gilt $A \leq_m^{\mathrm{P}} B$?

(c) Wie ist ein Optimierungsproblem definiert?

(d) Wie ist ein Approximationsalgorithmus definiert?

(e) Wie lautet die Definition von „raumkonstruierbar“?

(f) Wie lautet die Definition von „NP-vollständig"?

(3.) Beweisen Sie:

(a) SPACE($\log n$) $\subsetneq$ TIME(2^{n^2}).

(b) TIME($n \cdot \log n$) $\subsetneq$ NSPACE(n^4).

(4.) Sei $G = (V, E)$ ein ungerichteter Graph. G ist ein *Cluster*, wenn alle seine Zusammenhangskomponenten Cliquen sind.

Definieren Sie ein passendes Optimierungsproblem $\mathcal{P}$ und zeigen Sie, dass das zugehörige Entscheidungsproblem $\mathcal{P}_D$ mit dem Problem

$$\text{EDGE-DELETION} := \left\{ \langle G, k \rangle \;\middle|\; \begin{array}{l} G \text{ ist ein ungerichteter} \\ \text{Graph, der durch das Ent-} \\ \text{fernen von} \leq k \text{ Kanten zu} \\ \text{einem Cluster wird.} \end{array} \right\}$$

übereinstimmt. *(12 Punkte)*

(5.) Sei $G = (V, E)$ ein ungerichteter Graph und seien $V_1 \subseteq V, V_2 \subseteq V$ zwei Cliquen. Wir sagen V_1 und V_2 sind *disjunkt*, wenn $V_1 \cap V_2 = \emptyset$ gilt.

Zeigen Sie, dass das Problem

$$\text{DCLIQUE} = \left\{ \langle G, k \rangle \;\middle|\; \begin{array}{l} G \text{ ist ein ungerichteter Graph,} \\ \text{der mindestens zwei disjunkte} \\ \text{Cliquen der Größe} \geq k \text{ besitzt} \end{array} \right\}$$

NP-vollständig ist. *(12 Punkte)*

Lösung Klausur 2

Im Folgenden werden wir die Lösungen für Klausur 2 von Seite 187 vorstellen. Nachdem Sie die Lösungen durchgegangen sind, betrachten wir noch eine mögliche Notenskala für Ihr Resultat.

(1.) $\checkmark, \checkmark, \checkmark, \times, \checkmark, \times, \checkmark, \checkmark$. Hier eine Detailbegründung, die allerdings in der Klausur nicht nötig gewesen ist.

- Nach Satz 4 gilt, dass $\mathrm{NTIME}(t(n)) \subseteq \mathrm{SPACE}(t(n))$ und diese Klasse ist natürlich in $\mathrm{SPACE}(2^{O(t(n))})$ enthalten.
- Ist SUBSET-SUM in Linearzeit lösbar, so gilt die Mitgliedschaft in P. Da SUBSET-SUM NP-vollständig nach Satz 22 ist, folgt P = NP nach Satz 14.
- Es gilt $\mathrm{TIME}(n^{O(1)}) = \mathrm{P}$ nach S. 38, wonach auch $\mathrm{P} \subsetneq \mathrm{EXP} = \mathrm{TIME}(2^{n^{O(1)}})$ gilt. Die letztere Klasse ist per Definition eine Teilklasse von $\mathrm{NTIME}(2^{n^{O(1)}})$.
- Wähle B eine beliebige EXP-vollständige Sprache und A eine beliebige P-vollständige Sprache. Nach Definition von EXP-Schwere (verallgemeinert aus der Definition von NP-Schwere), gilt offensichtlich $A \leq_m^{\mathrm{P}} B$. Andersherum, also $B \leq_m^{\mathrm{P}} A$ kann nicht gelten, da ansonsten P = EXP gelten würde, was den Zeithierarchiesatz von S. 37 verletzt.
- Dies ist die Aussage von Satz 29 von S. 144.
- Für A folgt lediglich NP-Schwere. Die Mitgliedschaft in NP folgt nicht.
- Seien $L, L' \in \mathrm{NP}$ beliebig gewählt. Nun gibt es zwei NTM M, M' für L bzw. L'. Wir konstruieren eine neue NTM $\hat{M}$, die $L \cup L'$ in NP entscheidet, wie folgt. $\hat{M}$ rät (nichtdeterministisch) zu Beginn der Simulation 1 oder 2. Für den Fall 1 simuliert sie M, für den Fall 2 simuliert sie M'. $\hat{M}$ läuft nun in NP und entscheidet die Vereinigung von L und L'.

- Da SUBSET-SUM $\in$ NP gilt (S. 68), folgt mit Satz 16 die Aussage.

(2.) Wissensfragen:

(a) Siehe Schaubild von S. 157.

(b) Siehe Definition 14 von S. 79.

(c) Siehe Definition 17 von S. 130.

(d) Siehe Definition 23 von S. 136.

(e) Siehe Definition 11 von S. 30.

(f) Siehe Definition 15 von S. 82.

(3.) Inklusionsbeweise: *(jede Inklusion im Folgenden gibt 2 Punkte)*

(a) Es gilt

$$\begin{aligned}\mathrm{SPACE}(\log n) &\overset{1}{\subsetneq} \mathrm{SPACE}(\log n \cdot \log n)\\ &\overset{2}{\subseteq} \mathrm{TIME}(2^{\log n \cdot \log n}) \overset{3}{\subseteq} \mathrm{TIME}(2^{n^2}),\end{aligned}$$

da

(1) Korollar 2 von S. 36
(2) Satz 5 von S. 29
(3) Es gilt $2^{\log n \cdot \log n} \in O(2^{n^2})$.

(b) Es gilt

$$\begin{aligned}\mathrm{TIME}(n \cdot \log n) &\overset{1}{\subseteq} \mathrm{SPACE}(n \cdot \log n)\\ &\overset{2}{\subsetneq} \mathrm{SPACE}(n^4) \overset{3}{\subseteq} \mathrm{NSPACE}(n^4),\end{aligned}$$

da

(1) Korollar 1 von S. 29
(2) Korollar 2 von S. 36
(3) Definition von NSPACE.

(4.) Definiere das Optimierungsproblem wie folgt:

Instanzen: Ungerichtete Graphen $G = (V, E)$. *(1 Punkt)*

Lösungen: Kantenteilmengen $E' \subseteq E$, sodass $G = (V, E \setminus E')$ ein Cluster ist. *(2 Punkte)*

Maß: $|E'|$. *(2 Punkte)*

Ziel: Min *(1 Punkt)*

Nun gilt nach Definition 21 von S. 132: *(2 Punkte)*

$$\mathcal{P}_D := \left\{ \langle G, K \rangle \;\middle|\; \begin{array}{l} G = (V, E) \text{ ist ein ungerichteter Graph} \\ \text{und wenn } E' \text{ eine minimale Menge an} \\ \text{Kanten ist, sodass } (V, E \setminus E') \text{ ein Clus-} \\ \text{ter ist, gilt } |E'| \leq k \end{array} \right\}$$

Nun bleiben noch die beiden Inklusionen zu zeigen. *(jeweils 2 Punkte)*

$\mathcal{P}_D \subseteq$ EDGE-DELETION: wenn für eine minimale Kantenmenge E' gilt, dass $(V, E \setminus E')$ ein Cluster ist, dann gibt es eine solche Kantenmenge.

EDGE-DELETION $\subseteq \mathcal{P}_D$: wenn es eine Kantenmenge E' gibt, sodass $(V, E \setminus E')$ ein Cluster ist, dann gilt für eine minimale Kantenmenge E'' mit diesen Eigenschaften $|E''| \leq |E'|$.

(5.) Hierzu müssen wir Mitgliedschaft in NP, sowie NP-Schwere zeigen.

Wir zeigen, dass DCLIQUE NP-schwer ist, indem wir die Reduktion CLIQUE $\leq_m^{\mathrm{P}}$ DCLIQUE zeigen. Da CLIQUE bereits ein NP-schweres Problem ist (vergl. S. 96), folgt aus der Transitivität von $\leq_m^{\mathrm{P}}$ (vergl. Satz 13 von S. 81), dass für alle Probleme $C \in$ NP auch $C \leq_m^{\mathrm{P}}$ DCLIQUE gilt. Nun geben wir konkret die Reduktionsfunktion f an, welche Instanzen aus CLIQUE auf Instanzen aus DCLIQUE umformt:

$$\langle G, k \rangle \mapsto \langle G', k \rangle,$$

wobei $G' = (V', E')$ und

$$\begin{aligned} V' &:= \{v, \bar{v} \mid v \in V\}, \\ E' &:= \{\{u, v\}, \{\bar{u}, \bar{v}\} \mid \{u, v\} \in E\} \end{aligned}$$

(4 Punkte für die Funktion)

Nun zeigen wir, dass $\langle G, k \rangle \in$ CLIQUE $\Rightarrow f(\langle G, k \rangle) \in$ DCLIQUE gilt: Ist $\langle G, k \rangle \in$ SUBSET-SUM und $G = (V, E)$, dann gibt es einen Teilgraphen $\hat{G} \subseteq G$, wobei $\hat{G} = (\hat{V}, \hat{E})$ mit

$\hat{V} \subseteq V$ und $\hat{E} = E \cap (\hat{V} \times \hat{V})$ und $|\hat{V}| = k$. Nun gibt es in $f(\langle G, k\rangle) = (V', E')$ zwei mal den Graphen G. Das heißt, es gibt zwei Knotenmengen wie folgt. Einmal wähle $\hat{V}$ wie zuvor. Anschließend definiere $\widetilde{V} := \{\bar{v} \mid v \in \hat{V}\}$. Es gilt $\hat{V} \cap \widetilde{V} = \emptyset$ und $|\hat{V}| = |\widetilde{V}| = k$. Also gilt $(G', k) \in$ DCLIQUE.

Nun zeigen wir, dass $x \notin$ CLIQUE $\Rightarrow f(x) \notin$ DCLIQUE gilt: Ist $\langle G, k\rangle \notin$ CLIQUE, dann gibt es keinen Teilgraphen $\hat{V} \subseteq V$ mit $|\hat{V}| = k$. Also gibt es in G' auch nicht zwei solche Teilgraphen mit k Elementen, die disjunkt sind. Also gilt $\langle G', k\rangle \notin$ DCLIQUE.

Insgesamt folgt also:

$$\langle G, k\rangle \in \text{CLIQUE} \Leftrightarrow f(\langle G, k\rangle) \in \text{DCLIQUE}.$$

Die Reduktion f ist in Polynomialzeit berechenbar, weil wir lediglich den Graphen verdoppeln müssen, was in Linearzeit abläuft.
(4 Punkte für die Äquivalenz)

Insgesamt ist DCLIQUE damit NP-schwer. □

Nun zur Mitgliedschaft in NP. Der folgende Überprüfungsalgorithmus leistet das Gewünschte.

Eingabe: Ungerichteter Graph $G = (V, E)$ und natürliche Zahl k, Mengen $V_1, V_2 \subseteq V$

1: Prüfe, dass $|V_i| \geq k$ gilt für $i = 1, 2$.
2: Prüfe, dass $V_1 \cap V_2 = \emptyset$ gilt.
3: Prüfe für jeweils $i = 1, 2$ und für jedes Paar $u, v \in V_i$, ob $(u, v) \in E$ gilt.
4: Falls immer ja: akzeptieren. Sonst: ablehnen.

Wir verwenden Satz 11 von S. 66 in unserer Argumentation. Der deterministische Polynomialzeit-Algorithmus überprüft DCLIQUE. Schritt 1 und 2 verlaufen in Zeit $O(|V|)$ und Schritt 3 verläuft in Zeit $O(|V|^2)$.

(4 Punkte für den Algorithmus und die Begründung)

Zur Bewertung der Arbeit gilt die selbe Notenskala wie von S. 185.

Abkürzungen

Abkürzung	**Erläuterung**
APX	Klasse der c-Approximationsalgorithmen
EXP	Klasse der TMn, die in exponentieller Zeit arbeiten
GSAT	Approximationsalgorithmus für MaxSAT
KNF	Konjunktive Normalform
L	Klasse der TMn, die in logarithmischen Platz arbeiten
NL	Klasse der NTMn, die in logarithmischen Platz arbeiten
NP	Klasse der NTMn, die in polynomieller Zeit arbeiten
NPO	Klasse der NP-Optimierungsprobleme
NTM	Nichtdeterministische Turingmaschine
NP	Klasse der TMn, die in polynomieller Zeit arbeiten
PO	Klasse der P-Optimierungsprobleme
PSPACE	Klasse der TMn, die in polynomiellem Platz arbeiten
PTAS	Polynomial time approximation scheme
TM	(Deterministische) Turingmaschine
TreeTSP	Approximationsalgorithmus zu MinMTSP
X-KNF	Konjunktive Normalform mit Klauselgröße $X \in \mathbb{N}$

Liste von behandelten Problemen

Problem	Erläuterung und zugehörige Seite
2-COLORABILITY	2-Färbbarkeitsproblem von Graphen, siehe S. 64
BIPARTIT	Bipartitionsproblem, siehe S. 65
BIN-PACKING	Behälter-/Kistenproblem, siehe S. 110
CLIQUE	Vollständige-Teil-Graphen-Problem, siehe S. 11
COLORABILITY	Allgemeines Färbbarkeitsproblem von Graphen, siehe S. 69
CONNECTED	Zusammenhangskomponentenproblem, siehe S. 64
CYCLE	Zyklenproblem, siehe S. 64
DOMINATING-SET	Dominierende-Mengen-Problem, siehe S. 104
DOUBLE-SAT	Erfüllbarkeitsproblem mit zwei Belegungen, siehe S. 70
EVEN-SAT	Erfüllbarkeitsproblem für gerade Anzahl Belegungen, siehe S. 89
EvenHAMCIRC	Gerade-Hamilton'sche-Kreise-Problem, siehe S. 105
GI	Graphenisomorphieproblem, siehe S. 69
HALF-CLIQUE	Spezielles Cliquen-Problem, siehe S. 105
HAMCIRC	Hamilton'scher-Kreis-Problem, siehe S. 102
HAMPATH	Hamilton'scher-Pfad-Problem, siehe S. 68
INDEPENDENT-SET	Unabhängige-Knotenmengen-Problem, siehe S. 104
KNAPSACK	Rucksack-Problem, siehe S. 110
Krom-SAT	Erfüllbarkeit von Krom-Formeln (2KNF), siehe S. 62
LPATH	Einfache-Pfade-Problem mit unterer Schranke, siehe S. 135
LSAT	Links-Menge von SAT, siehe S. 113
MaxCLIQUE	Maximierungsproblem zu CLIQUE, siehe S. 134
MaxSAT	Maximierungsproblem zu SAT, siehe S. 154
MinMTSP	Minimierungsproblem zum metrischen TSP, siehe S. 146
MinPART	Minimierungsproblem zu PART, siehe S. 152
MinTSP	Minimierungsproblem zu TSP, siehe S. 131

Literaturverzeichnis

Ausiello, G., Crescenzi, P., Gambosi, G., Kann, V., Marchetti-Spaccamela, A. & Protasi, M. (1999). *Complexity and Approximation. Combinatorial Optimization Problems and Their Approximability Properties.* Springer.

Bovet, D. P. & Screscenzi, P. (1994). *Introduction to the Theory of Complexity.* Prentice-Hall, New York, London.

Cai, J. & Sivakumar, D. (1999). Sparse Hard Sets for P: Resolution of a Conjecture of Hartmanis. *Journal of Computer and System Sciences, 58* (2), 280-296.

Fortnow, L. (2011). Mahaney's Theorem. (Online at `http://blog.computationalcomplexity.org/2011/09/mahaneys-theorem.html`, last seen online on 02.12.2013)

Garey, M. R. & Johnson, D. S. (1979). *Computers and Intractability. A Guide to the Theory of NP-Completeness.* Freeman.

Hopcroft, J. E., Motwani, R. & Ullman, J. D. (2002). *Einführung in die Automatentheorie, Formale Sprachen und Komplexitätstheorie.* Addison-Wesley Longman.

Mahaney, S. R. (1980, oct.). Sparse complete sets for NP: Solution of a conjecture of Berman and Hartmanis. In *Foundations of computer science, 1980., 21st annual symposium on* (S. 54 -60). doi: 10.1109/SFCS.1980.40

Ogiwara, M. & Watanabe, O. (1991). Polynomial-Time Bounded Truth-Table Reducibility of NP Sets to Sparse Sets. , *20* (3), 471-483. Zugriff auf `http://dx.doi.org/doi/10.1137/0220030` doi: DOI:10.1137/0220030

Ottmann, T. & Widmayer, P. (2012). *Algorithmen und Datenstrukturen.* Springer.

Papadimitriou, C. (1993). *Computational Complexity.* Addison Wesley.

Selman, B., Levesque, H. & Mitchell, D. (1992). A new method for solving hard satisfiability problems. In *Proceedings of the tenth national conference on artificial intelligence* (S. 440–446). AAAI Press. Zugriff auf `http://dl.acm.org/citation.cfm?id=1867135.1867203`

Sipser, M. (2012). *Introduction to the Theory of Computation.* Michael Sipser.

Wagner, K. W. (2003). *Theoretische Informatik, Eine kompakte Einführung* (Bd. 2). Springer.

Bilder-Quellen-Verzeichnis

Für alle nicht hier aufgeführten Bilder liegen die Rechte bei den Autoren Arne Meier und Heribert Vollmer.

Seite 7: "Compass icons" von vectorsme, http://openclipart.org/detail/181259/compass-icons-by-vectorsme-181259, zuletzt online abgerufen am 29.07.2014, CC0 1.0 Universal (CC0 1.0), http://creativecommons.org/publicdomain/zero/1.0/.

Seite 14: "Alan Turing Aged 16" von Unbekannt, http://commons.wikimedia.org/wiki/File:Alan_Turing_Aged_16.jpg#mediaviewer/File:Alan_Turing_Aged_16.jpg, zuletzt online abgerufen am 29.07.2014, http://www.turingarchive.org/viewer/?id=521&title=4. Licensed under Public domain via Wikimedia Commons.

Seite 21: "Donald Knuth" von Flickr user Jacob Appelbaum, uploaded to en.wikipedia by users BeSherman, Duozmo (Flickr.com (via en.wikipedia)), zuletzt online abgerufen am 29.07.2014, http://commons.wikimedia.org/wiki/File%3AKnuthAtOpenContentAlliance.jpg, CC-BY-SA-2.5, http://creativecommons.org/licenses/by-sa/2.5, via Wikimedia Commons.

Seite 22: "Juris Hartmanis", zuletzt online abgerufen am 29.07.2014, http://commons.wikimedia.org/wiki/File:Juris_Hartmanis(2002).jpg#mediaviewer/File:Juris_Hartmanis(2002).jpg, lizensiert unter Creative Commons Attribution-Share Alike 3.0 via Wikimedia Commons, https://creativecommons.org/licenses/by-sa/3.0/de/.

Seite 22: "Dick Stearns" von Richard Edwin Stearns – Richard Edwin Stearns' private archive, zuletzt online abgerufen am 29.07.2014, http://commons.wikimedia.org/wiki/File:Dick_Stearns.jpg#mediaviewer/File:Dick_Stearns.jpg, lizensiert unter Creative Commons Attribution-Share Alike 3.0 via Wikimedia Commons, https://creativecommons.org/licenses/by-sa/3.0/de/.

Seite 31: "Walter Savitch" von Walter Savitch, zuletzt online abgerufen am 29.07.2014, http://cseweb.ucsd.edu/users/savitch/.

Seite 34: "1925 kurt gödel" von Unbekannt – Familienalbum der Familie Gödel, Scan von Gianbruno Guerrerio, Kurt Gödel – Logische Paradoxien und mathematische Wahrheit, S.24, zuletzt online abgerufen am 29.07.2014, http://commons.wikimedia.org/wiki/File:1925_kurt_g%C3%B6del.png#mediaviewer/File:1925_kurt_g%C3%B6del.png, lizensiert als Public domain via Wikimedia Commons.

Seite 37: "Scott Aaronson retouched" von Easy n – basiert auf File:Scott Aaronson.jpg, hochgeladen von Easy n, zuletzt online abgerufen am 29.07.2014, http://commons.wikimedia.org/wiki/File:Scott_Aaronson_retouched.jpg#mediaviewer/File:Scott_Aaronson_retouched.jpg, lizensiert als Public domain via Wikimedia Commons.

Seite 44: "Guillaume de l'Hôpital", zuletzt online abgerufen am 29.07.2014, http://commons.wikimedia.org/wiki/File:Guillaume_de_l%27H%C3%B4pital.jpg#mediaviewer/File:Guillaume_de_l%27H%C3%B4pital.jpg, lizensiert als Public domain via Wikimedia Commons.

Seite 62: "Melven R. Krom" von UC Davis, zuletzt online abgerufen am 29.07.2014, https://www.math.ucdavis.edu/research/profiles/?fac_id=krom.

Seite 68: "William Rowan Hamilton" von Unbekannt, zuletzt online abgerufen am 29.07.2014, http://commons.wikimedia.org/wiki/File:WilliamRowanHamilton.jpeg#mediaviewer/File:WilliamRowanHamilton.jpeg, http://mathematik-online.de/F77.htm, lizensiert als Public domain via Wikimedia Commons.

Seite 70: "Stephen A. Cook" von Andrej Bauer, zuletzt online abgerufen am 29.07.2014, http://andrej.com/mathematicians/C/Cook_Stephen.html, lizensiert unter CC BY-SA 2.5, http://creativecommons.org/licenses/by-sa/2.5/si/.

Seite 70: "Leonid Levin 2010" von Sergio01 – Own work, zuletzt online abgerufen am 29.07.2014, http://commons.wikimedia.org/wiki/File:LeonidLevin2010.jpg#mediaviewer/File:LeonidLevin2010.jpg, lizensiert unter Creative Commons Attribution-Share Alike 3.0 via Wikimedia Commons.

Seite 77: "NP-Complete" von Randall Munroe, zuletzt online abgerufen am 29.07.2014, http://xkcd.com/287/, lizensiert unter CC BY-NC 2.5, http://creativecommons.org/licenses/by-nc/2.5/.

Seite 80: "Karp mg 7725-b.cr2" von Rama – Own work, zuletzt online abgerufen am 29.07.2014, http://commons.wikimedia.org/wiki/File:Karp_mg_7725-b.cr2

.jpg#mediaviewer/File:Karp_mg_7725-b.cr2.jpg, lizensiert unter Creative Commons Attribution-Share Alike 2.0-fr via Wikimedia Commons.

Seite 83: "Jeffrey Ullman" von Jeffrey Ullman, zuletzt online abgerufen am 29.07.2014, http://infolab.stanford.edu/~ullman/.

Seite 82: "Hopcrofg" von Pavel.mavrin – Own work, zuletzt online abgerufen am 29.07.2014, http://commons.wikimedia.org/wiki/File:Hopcrofg.jpg#mediaviewer/File:Hopcrofg.jpg, lizensiert als Public domain via Wikimedia Commons.

Seite 82: "Alfred Aho" von Alfred Aho, zuletzt online abgerufen am 29.07.2014, http://engineering.columbia.edu/web/faculty/content/alfred-v-aho.

Seite 95: "Toolkit" von bogdanco, http://openclipart.org/detail/2921/toolkit
-
by-bogdanco, zuletzt online abgerufen am 29.07.2014, CC0 1.0 Universal (CC0 1.0), http://creativecommons.org/publicdomain/zero/1.0/.

Seite 127: "Travelling Salesman Problem" von Randall Munroe, zuletzt online abgerufen am 29.07.2014, http://xkcd.com/399/, lizensiert unter CC BY-NC 2.5, http://creativecommons.org/licenses/by-nc/2.5/.

Seite 146: "Leonhard Euler" von Jakob Emanuel Handmann, cropped from: http://www.euler-2007.ch/doc/Bild0015.pdf, zuletzt online abgerufen am 29.07.2014, http://commons.wikimedia.org/wiki/File:Leonhard_Euler_by_Handmann.png#mediaviewer/File:Leonhard_Euler_by_Handmann.png, lizensiert als Public domain via Wikimedia Commons.

Seite 147: "Image-Koenigsberg, Map by Merian-Erben 1652" von Merian-Erben, http://www.preussen-chronik.de/_/bild_jsp/key=bild_kathe2.html, zuletzt online abgerufen am 29.07.2014, http://commons.wikimedia.org/wiki/File:Image-Koenigsberg,_Map_by_Merian-Erben_1652.jpg#mediaviewer/File:Image-Koenigsberg,_Map_by_Merian-Erben_1652.jpg, lizensiert als Public domain via Wikimedia Commons -

Seite 150: "Nicos Christofides" von invesTMnts-forum, zuletzt online abgerufen am 29.07.2014, http://www.invesTMnts-forum.com/if1/main.php?var=6#7.

Seite 167: "Regular Expressions" von Randall Munroe, zuletzt online abgerufen am 29.07.2014, http://xkcd.com/208/, lizensiert unter CC BY-NC 2.5, http://creativecommons.org/licenses/by-nc/2.5/.

Index